알기 쉬운 양자론

현대물리학을 만든 거인들

쓰즈키 다쿠지 지음
손영수 옮김

전파과학사

머리말

물리학의 한 분야로서 힘에 관계되는 것을 다루는 '역학'이나 전기와 자석의 성질을 조사하는 '전자기학' 또는 '열학', '광학', '파동학' 등이 있는데, 자세한 내용을 모른다고 하더라도 그 내용은 대충 짐작이 간다. 그러나 양자론이니 양자역학이니 하게 되면, "그게 도대체 무엇이냐"는 반문이 나온다. "역학이냐, 전기냐, 아니면 파동을 공부하는 것이냐"는 말이 나올 것 같다.

확실히 양자 등의 말은 일상어가 아니다. 전문적인 개념에 일상어를 잘 적용시키고 있는 외국어에서조차도 'Quantum'이라는 단어는 일반 생활에는 친숙해지기 힘든 것인 듯하다. 말이 어려우면 내용도 당연히 난해할 것이다. 도저히 이빨이 들어가지 않을 것이다. 읽어 봤자 모를 것이 뻔하니까 공경하되 멀리해 두자. 하지만 이래서는 너무 무능하지 않을까 하는 느낌이 든다.

확실히 양자론은 이와 같이 물리학을 그 대상에 따라서 나눈 한 분야가 아니라, 작디작은 세계를 생각할 경우의(어렵게 말하면 일종의) 사고방식이다. 그러므로 철학 비슷한 것이 끼어든다. 그리고 현재도 명확하지 않은, 또는 학자에 따라서 사고방식이 다른 문제가 내장되어 있다. 이른바 '슈뢰딩거의 고양이'로 불리는 이야기는 그것의 전형이라 할 수 있을 것이다.

어렵다고 말해 버리면 그것으로 그만이지만, 어려운 것을 어렵다고 인정하는 것도 일종의 이해가 아닐까?

그러나 사실 필자 자신도, 이를테면 음악회에 가자는 권유를 받으면 “그런 어려운 곡은 들어 본들 맹탕이니까, 뭐……” 하고 사양하는 일이 많다. 전람회에 OOO의 그림이 있으니까 보러 가자는 권유에도 “아니야, 난 그림이라고는 통 모르니까” 하고 사양한다. 말하자면 먹어 보지도 않고 싫다는 격이어서(웬만큼 나이를 먹은 필자 같은 사람은 아마 일생 동안) 이해하는 일도 없이 끝나 버릴 것만 같다.

조예가 깊은 사람까지는 못 되더라도, 알고 있는 사람은 ‘다 알고 있는’ 것인데도 아무것도 모르고 일생을 마친다는 것은 약간 분한 마음도 든다. 세상에는 멋지고 훌륭한 음식이 있는데도, 한평생 그것을 맛보는 일도 없이 끝난다는 것은 같은 인간으로 태어나서 조금이라도 분통이 터질 일이 아니겠는가.

음악이나 그림뿐 아니라, 필자는 영화나 텔레비전에서 방영되는 드라마조차도 모르는 경우가 많다. 배우의 얼굴을 알아볼 수 없다는 이유도 있지만, 줄거리의 장면 하나하나, 등장인물의 동작 등에 대해서는 아주 둔하다. 그래서 집에서 텔레비전을 보다가도 엉뚱한 말을 하고서는 웃음거리가 된다. 텔레비전에서 영화를 방영할 때는 그 전후에 해설이 붙는 것이 보통이다. 이 해설은 영화를 잘 알고 있는 사람들에게는 매우 평판이 좋지 못하다. 그런 해설은 듣지 않아도 다 알고 있다고들 한다. 그러나 필자는 “저 장면에서 아무개가 이렇게 한 것은, 실은 이러이러한 걸 가리키고 있군요” 하는 말을 듣고서야, ‘과연 그런 것이었군’ 하고 이해가 간다. 부끄러운 일이지만 필자에게는 해설이 필요하다.

다시 양자론에 대해서 말하자면, 전문가가 아닌 사람들에게는 어쨌든 설명이 필요할 것이다. 음악이나 그림이라면 몇 번이고 되풀이하여 진짜를 들려주고 보여 주고 있으면 자연히 소양이 붙게 된다고 한다. 그러나 양자론은 아무리 수식을 바라본들 어떻게 되는 것이 아니다. 도대체 양자론이란 무엇인가? 왜 이런 것을 학자들이 눈에 핏발을 세우며 조사하는 지경이 되었을까? 설명하지 않으면 알 길이 없다. 이 책이 텔레비전 영화의 해설과 같은 것이라고까지는 말할 생각이 없지만, 어쨌든 전문가가 아닌 사람들도 그 윤곽만이라도 알아 주고, 다소나마 흥미를 느껴 주었으면 하는 것이 목적이다. 세상에는 이런 일에 몰두한 사람들도 있었다는 것을 이해해 준다면 큰 성공이라고 필자는 생각한다.

이 책은 과학 잡지 『Quark』의 1985년 8월 호에서부터 2년간에 걸쳐서 연재되었던 것인데, 그동안 보살펴 주셨던 스에타케(末武親一郞) 편집장, 하야카와(早川) 씨 등 편집부 직원들과 일러스트를 담당하신 고마쓰(小松修) 씨에게 이 기회를 빌어 새삼 감사드리며 Blue Backs로 정리해 주신 야나기다(柳田和哉) 씨에게도 두터운 감사를 드린다.

쓰즈키 다쿠지

차례

1. 태초에 '빛'이 있었느니라

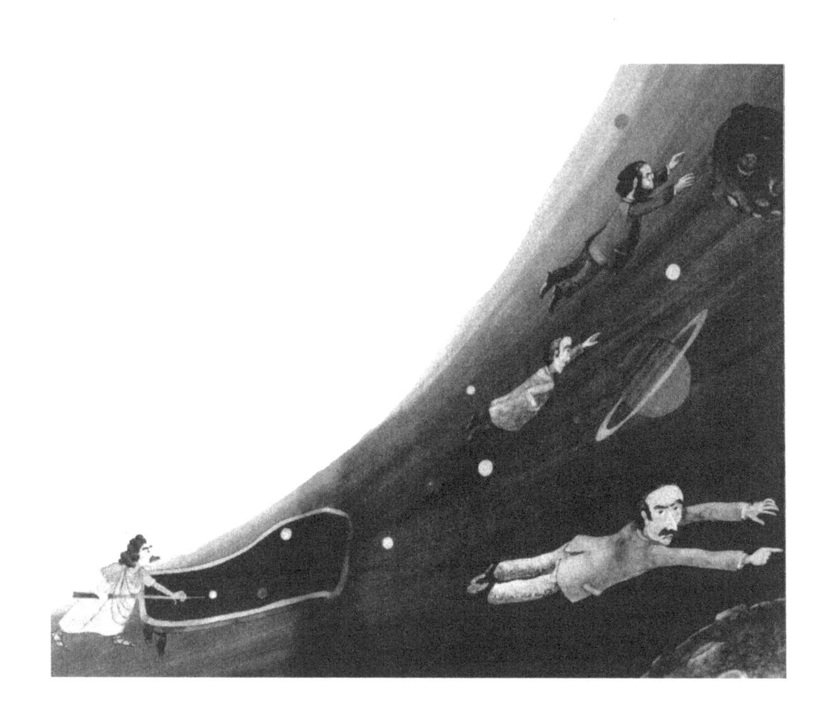

양자론이란?

양자론(量子論)이란 한마디로 말해서 어떤 것인가? 이것은 매우 어려운 질문이다. 상대성이론(相對性理論)도 그 본질은 이에 못지않게 어렵지만 그래도 이것은 '어렵다'는 사실이 널리 알려져 있는 만큼 대답하기가 쉽다. 빠르게 달려가면 시간이나 길이가 수축된다거나, 질량이 방대한 에너지로 변환하는 원리 등을 설명하면 그럭저럭 납득해 준다. 전문가가 아닌 사람들에게까지 아인슈타인의 이름과 함께 널리 알려져 있기 때문일 것이다.

같은 근대물리학이라도 양자론은 어떻게 설명해야 좋을까? 이것에 직접 관계한 과학자의 이름만 나열하더라도 열 손가락이 모자란다. 그중에서 대표자 한 사람만 말하라고 하면 곤란하다.

그렇다면 양자론의 내용은……. 굳이 간결하게 말하라고 한다면 이런 대답은 어떨까? 고전물리학에서는 그 대상으로 하는 것을 모두 연속체(연결되어 있는 것)로서 다뤄 왔다. 양자론이란 이것을 띄엄띄엄한〔어려운 말을 쓰면 이산적(離散的)〕 것으로서 보는 사상이다.

이것으로 일단은 정확한 대답이 되었을 것이다. 그러나 이것에는 보충 설명이 필요하다. 여기서 말하는 물리학의 대상이란 무엇인가? 보통 생각되는 것은 물질이다. 고체, 액체, 기체 등의 이른바 '물질', 바꿔 말하면 질량을 소유하는 존재물이다. 그리스 시대의 사상을 따로 한다면 18세기까지 물질은 연속체라고 생각되고 있었다.

그런데 19세기로 접어들어 원자설(原子說)과 분자설(分子說)이 제창되고, 여러 가지 간접적인 실험을 통해서 사람들은 분자와 원자의 존재를 믿게 되었다. 즉 분자나 원자 같은 작은 세계를 문제로 삼는다면, 물질은 아마 띄엄띄엄한, 즉 불연속적인 상태인 것이다. 그렇다면 돌턴이나 아보가드로가 양자론의 창설자인가 하면 이것은 좀 지나치게 편을 드는 느낌이다.

"양자론이란 띄엄띄엄의 사상이다"라고 정의하고서 분자나 원자가 확인된 시기를 양자론의 출발점으로 삼는 것도 하나의 식견일지는 모르지만, 이것은 너무 일반적인 정의에만 충실하다. 물질이 아닌 에너지도 결국은 띄엄띄엄한 것이라고 인정하게 된 시점을 양자론의 시발점으로 삼는 것이 상식적일 것이다. 에너지가 띄엄띄엄하다는 것은 어떤 것을 말하는가? 이것은 양자론의 기본적인 과제이기에 이하 순서를 따라서 설명하기로 한다.

자연계는 디지털형

띄엄띄엄한 것은 물질이나 에너지만이 아니다. 원자는 팽이와 같이 자전적인 각운동량을 갖고 있고, 그 크기는 물론 자전축의 방향도 띄엄띄엄하다. 상하와 옆으로의 세 방향이라든가 또는 그 중간도 허용되는 다섯 방향이라든가, 어쨌든 임의의 방향으로 자전할 수 있는 것이 아니라 신의 섭리, 아니 자연계의 섭리에 의해서 허용된 방향이 정해져 있다. 왜 방향이 정해져 있는가, 멋대로 좋아하는 방향으로 향하면 되지 않겠는가 하고 항의해도 어쩔 수가 없다. 자연계란 그런 것이기 때문이다. 마찬가지로 원자는 작은 막대자석으로서의 기능을 갖고 있다. 그리고 이 자석으로서의 능력이나 그 방향도 마찬가지로 띄엄띄엄한 것이다.

또 원자 속 전자의 각운동량이나 자석으로서의 능력도 띄엄띄엄하다. 사실 전자의 각운동량은 상향이나 하향 중 어느 한 방향, 즉 두 가지 방향밖에는 허용되지 않는다. 원자의 각운동량은 근사적으로는 그것이 소유하고 있는 전자의 각운동량의 종합이라고 생각해도 된다. 근사적이라고 말한 것은 양성자나 중성자에도 마찬가지 성질이 있고, 그것들의 종합으로서 원자핵도 각운동량이나 자기적 성질을 갖기 때문이다. 다만 핵에서 유래하는 이들의 성질은 전자가 지니는 성질에 비교하면 훨씬 작다.

어쨌든 이런 이유로 극미의 세계에서는 에너지나 그 밖의 물리적인 성질이 띄엄띄엄하고, 이 띄엄띄엄함을 인식하고 그것을 기초로 하여 생각해 나가는 물리학이 곧 양자론인 것이다.

누구도 '빛'을 보지 못한다

양자론을 이해하는 데는, 아니 양자론의 불가사의함을 아는 데는 가장 좋은 예가 '빛'일 것이다.

우리는 빛을 볼 수가 없다. 그러나 빛이 없이는 아무것도 볼 수 없다. 얼핏 듣기에는 마치 선(禪)문답 같은 이 말도 곰곰이 생각해 보면 바로 그대로인 것이다. 우선 태양이나 전등 같은 발광체로부터 빛이 나온다. 이것이 물체에 충돌하여 대부분은 그 표면에서 빛이 난반사(亂反射)를 한다. 마침 자기 눈 방향으로 온 빛이 안구로 들어와서 거기에 물체가 있다는 것을 알게 된다. 거울이나 잔잔한 수면 등을 제외하면, 빛은 물체의 표면에서 모든 방향으로 골고루 분산되어 어느 방향으로부터도 물

자연계는 연속인가, 아니면 띄엄띄엄한 불연속의 세계인가? 이 문제에 양자론은 결말을 지었다. 그러나 그 과정은 결코 평탄하지 않았다

체가 보이게 된다. 표면이 약간 들쭉날쭉하기 때문에 난반사를 하는 것이며, 우리는 이 '들쭉날쭉함'에 감사해야 한다. 그렇지 않으면 돌아다닐 때마다 여기저기에 손발을 부딪치게 될 것이다.

어쨌든 발광체로부터 자기 눈까지 때로는 직접, 대개의 경우에는 물체의 표면에서 반사하여 '무엇인가'가 오는 것만은 확실하다. 그리고 이 '무엇인가'를 빛이라고 부른다. 빛이란 우리가 물체를 보기 위해서 반드시 필요한 도구이다. 발광체의 메커니즘을 살펴보면 금방 알 수 있는 일이지만, 발광이란 에너지를 방출하는 일이다. 그렇다면 빛이란 에너지의 흐름인 것이 틀림없다. 더구나 그 속도는 정확하게 측정되어 있어서 1초에 지구를 일곱 바퀴 반 도는 것에 해당한다.

빛은 동식물의 생존에는 필수적인 것인데도 그 누구도 '빛'을 본 사람이 없다. 하지만 먼지투성이의 곳간 속에 들어가서, 거기에 옹이구멍 등이 있으면 일직선으로 들어오는 빛이 보이지 않느냐고 반문할지 모른다. 그러나 거기서 볼 수 있는 것은 먼지이다. 빛 그 자체를 보고 있는 것이 아니다. 다만 빛나는 먼지의 위치로 미루어 빛이 직진하고 있다는 것을 알 수 있다.

전구를 가리켜 저것이 빛이라고 말하는 사람이 있을지 모르나, 그것은 텅스텐 필라멘트 또는 회색의 유리 공이다. 형광등이나 네온사인도 보이는 것은 빛이 아니라 결국은 특수한 유리관인 것이다.

에너지라는 말은 물리현상을 폭넓게 공부하는 데는 매우 편리한 개념이다. 그러나 지나치게 추상적이다. 어떤 '형태'의 에너지인지를 구체적으로 제시해 주지 않으면 매우 모호하다. 발광체로부터 나와서, 이를테면 스크린에 부딪치기까지의 '빛'이라는 것이 에너지라는 것은 알았지만, 좀 더 분명하게 물리적 이미지를 부여할 수는 없는 것일까?

예를 들어 야구공이라면 운동 에너지라는 형태로서 투수의 손에서부터 포수의 글러브까지 달려간다. 직류 전류라면 에너지는 전지로부터 파일럿 램프에 이르고, 거기서 빛과 열의 에너지로 변환한다. 잔잔한 연못 가운데에 돌을 던지면 낙하 지점에서부터 파동 에너지가 되어서 사방으로 퍼져 나간다. 종을 울리면 공기에 성기고 빽빽한 상태가 생기고, 그것이 초속 340미터 정도로 퍼져 나간다. 이것도 파동 에너지이다.

파동이면서도 입자

빛이란 무엇인가에 대해서는 물론 물리학의 대상으로서 예로부터 연구되어 왔다. 뉴턴은 자연현상을 모조리 역학적인 방법으로 해결하려 하여 빛은 '입자'라고 생각한 것 같지만, 이것은 파동학(波動學)의 대두와 더불어 부정되었다.

확실히 오늘날에 있서서의 빛의 입자설(粒子說)은 뉴턴의 주장과 합치하고 있는 것처럼 생각되지만, 뉴턴은 결코 양자론적인 사상으로써 빛을 '입자'라고 제창했던 것은 아니다. 뉴턴을 양자론의 조상처럼 생각하는 것은 좀 지나치게 편을 드는 것이라 하겠다. 그러나 뉴턴조차도 '빛의 실체'를 알 수 없었으므로 빛이란 여간 불가사의한 것이 아니다.

네덜란드의 물리학자 하위헌스(1629~1695)와 프랑스의 프레넬(1788~1827)은 빛의 통로에 아주 폭이 좁은 격자(格子)를 두어서, 스크린 위에 투사되는 빛의 세기를 정밀하게 조사했다. 스크린 위에는 밝고 어두운 줄무늬가 형성되었다. 파동이 격자를 통과할 때 이러한 줄무늬가 형성되는 것이다.

파동이란 마루와 골이 번갈아 가면서 그것이 이동해 가는 것이다. 격자에서 일단 끊어졌던 파동이 다시 스크린 위에서 만날 때, 마루와 마루 또는 골과 골이 만나게 되면 당연히 서로 보강하기 때문에 밝아지고, 마루와 골이 만나면 양자가 반대의 성질을 갖기 때문에 상쇄하여 어두워진다. 이런 이유로 17세기 이래 빛의 파동설이 정착되어 왔다.

다만, 마루와 골이 반대의 성질이라고 하지만 '무엇이' 반대인지를 도무지 알 수가 없다. 바다의 파도라면 높다느니 낮다느니, 또 음파라면 성기다거나 빽빽하다거나 하는 것으로 확실히 반대이지만, 빛을 파동이라고 생각했을 때 마루란 무엇이고 골이란 어떤 것인지는 전혀 명확하지 않다. 그 실체는 분명하지 않지만 스크린 위의 줄무늬는 빛이 파동적이라는 것을 훌륭하게 그려 내고 있다.

그런데 난처하게도 1888년 독일의 물리학자 할박스(1859~1922)에 의해서 광전자 방출(光電子放出)이라는 현상이 발견되었다. 파장이 짧은 빛을 금속에 충돌시키면 그 에너지를 받아서 금속으로부터 전자가 튀어 나온다. 이 사실을 바탕으로 전자가 받는 에너지를 정확하게 계산해 보니, 공간으로 퍼져 나가는 빛의 파동 에너지 정도로는 도저히 충당될 수 없는 것이었다. 더욱더 에너지를 뭉뚱그려서 금속 표면에 탁탁 충돌시키지 않는 한 절대로 광전자 방출은 일어나지 않는다. 그 일어날 리가 없는 전자의 점프가 현실에서 생기고 있는 것이므로, 이런 의미에서는 빛의 에너지는 띄엄띄엄한 것이 될 수밖에 없다.

맨얼굴은 '알려지지 않은' 것

빛은 파동인가, 아니면 입자인가? 빛의 실체를 볼 수만 있다면 당장에 해결할 수 있는 문제이다. 그런데 우리는 격자에 의한 명암의 줄무늬든, 광전자의 방출이든 간에 빛이 일으키는 결과를 보고 있을 뿐이다. 누구의 눈에도 보이지 않고, 오로지 달려가고 있을 뿐인 빛에 대해서 우리는 아무 지식도 갖지 못했다. 보이지 않는 빛에 대해서는 어떤 말도 할 수가 없다고 생각할 만큼 우리는 좀 더 겸허해져야 한다.

격자에 충돌시켰을 때는 마치 파동과 같은 성질을 나타내고, 한편 금속에 충돌시켰을 때는 입자로서의 성질을 나타낸다. 양

빛은 지킬과 하이드처럼 두 얼굴을 갖고 있었다. 실체는 블랙박스 속에……

자론의 초기에 사람들은 이것을 빛의 이중성이라고 불렀다. 파동(Wave)과 입자(Particle)를 결합하여 빛은 웨이비클(Wavicle)이라고 말한 사람도 있었다. 또 지킬과 하이드처럼 생각한 학자도 있었다.

그러나 이중성이라고 하기보다는, 빛이란 어떤 방법으로 관측했을 때에만 그 모습을 나타내는 것으로서, 우리가 작용을 미치지 않을 경우에는 완전한 X라고 하는 것이 좋을 것이다. 이 X를 가리켜 물리학에서는 흔히 블랙박스라고 한다. 출발점과 관측된 모습은 알고 있지만 그 중간은 블랙박스인 것이다.

측정 방법이 잘못된 것도 아니고 측정 장치가 불완전한 탓도 아니다. 물체에 충돌하기까지의 빛이란 전혀 '알려지지 않은' 것이다. 그리고 이것을 '알려지지 않은' 것으로서 처리해 나가는 사고방식이야말로 바로 양자론이 지금까지의 물리학과는 다른 점이다.

2. 분분한 여러 가지 주장! 양자의 생일

"아빠는 엄청난 큰 발견을 했을지도 몰라"

물리학의 역사 가운데서 양자론의 성립 과정을 시대순으로 조리 있게 설명하기란 매우 어려운 일이다. 현재는 1900년대, 1910년대, 1920년대에 활약했던 물리학자와 화학자의 업적이 시대순으로 정리되어 마치 해마다 단계적으로 양자론이 확립되어 간 듯이 생각하지만, 사실은 도저히 그렇게 원활하게 진전되지는 못했다. 수많은 학자들이 저마다 다른 주장을 제창했고, 고전론이라고도 양자론이라고도 할 수 없는, 또는 그것의 절충안과 같은 것이 나타나 여러 가지 설로 분분했다. 고전론을 버리고 양자론으로 옮겨 가야 한다는 확신조차도 없었다. 뉴턴 역학이나 맥스웰의 전자기학과 같이 훌륭하게 완성된 이론 체계를 변경한다는 것은 그야말로 신을 두려워하지 않는 모독이다. 실험과 일치하지 않는다면 실험의 어디가 이상한지, 아니면 부분적인 수정이 필요한지 어쨌든 차분하게 검토해 보아야 한다고 많은 사람들은 생각하고 있었다.

양자론의 출발점은 1900년 말 독일의 플랑크 강연에서인데, 이것만 하더라도 나중에 와서 양자론의 발전 과정을 조사, 정리하고서야 그때의 그 이야기가 결국은 새로운 물리학의 출발점이었구나 하는 식으로 되었던 것이다. 뒤에서 자세히 설명하겠지만 1900년의 단계에서는 일반 대중은 물론 물리학자들 사이에서조차 '근대물리학의 여명이 왔다'고 생각한 사람은 아무도 없었다. 플랑크 자신도 자기가 제안한 수식이 갖는 물리적인 의미를 알지 못하고 있었다.

그러나 이 식이 발표된 후 수년간은 새로운 물리학에 관심을 갖는 학자에 의해서 이것이 여러 각도에서 검토되었다. 그리하여 수년 후, 독일의 레나르트(1862~1947)와 상대성이론으로 유명한 아인슈타인이 빛의 에너지는 띄엄띄엄한 것이라고 생각하자는 큰 결단을 내리게 된다. 이 무렵이 되어서야 비로소 플랑크의 식을 재검토하려는 기운이 일기 시작했다.

당사자인 플랑크도 최초에는 자신의 설에 크게 회의적이었으나, 서서히 새로운 생각이 응축되어 가던 무렵 자기 아들에게

"어쩌면 아빠는 엄청난 큰 발견을 했을지도 몰라"

하고 말했다고 한다. 뒤집어 말하면 양자론의 탄생은 그토록 막연한 것이었다.

전기에도 최소 단위가 있을 것이다

그렇다면 양자론이 있기 이전의 물리학, 특히 그 직전까지 자연계는 어느 정도로 해명되어 있었을까? 물질의 최소 단위는 원자이고 그 원자가 화학적으로 결합하여 분자를 만든다는 것은 이미 알고 있었다. 따라서 이 시대의 최대 관심사는 그 원자란 어떤 것이며, 어떤 짜임새로 구성되어 있는가 하는 점이었다. 마치 오늘날 물질의 최소 단위인 쿼크(Quark)란 무엇인가, 또 쿼크를 구성하는 가장 기본적인 입자가 있는 것이 아닐까 하는 의문과도 같다.

19세기 초에 돌턴과 아보가드로에 의해서 원자설과 분자설이 제창되고, 이윽고 여러 가지 간접적인 방법으로 그 존재가 확인되어 분자의 크기 등까지 추정할 수 있게 되었다. 이를테면 어떤 종류의 기체 속에 다른 종류의 기체가 서서히 혼합되어 가는 현상을 확산이라고 하는데, 확산하는 속도로부터 분자가

충돌하는 빈도와 구(球) 모양 분자의 크기 등이 계산된다. 또 브라운 운동이라는, 액면 위 작은 입자의 지그재그 운동을 눈에 보이지 않는 분자의 불균일한 충돌 때문이라고 생각하고, 분자의 크기를 불완전하게나마 예측할 수도 있다. 어쨌든 분자나 원자에 대한 역사의 대부분은 많은 책에 쓰여 있다. 그러나 원자 속에 있는 전자의 발견에 대해서는 모르는 사람이 많은 것 같다.

질량의 최소 단위로서 원자가 있는 것이라면(물론 19세기의 이야기) 전기량에도 마찬가지로 최소 단위가 있을 것이라고 생각한 사람이 스토니(1826~1911)라는 학자이다. 질량 쪽은 띄엄띄엄하지만, 이른바 쿨롱이라는 단위로 나타내어지는 전기량은 플러스와 마이너스의 두 종류가 있다고는 해도 얼마든지 작게 분할할 수 있다는 것은 이상하다. 그렇다면 이쪽도 마찬가지로 불연속이 아닐까 하고 궁리한 점에 그의 탁월한 식견이 있다.

그는 아일랜드 출신으로 26살부터 56살까지 더블린에 있는 퀸스 칼리지의 물리학 교수로 있으면서 초기의 원자, 분자 연구에 공헌했다. 또 용액 중의 전기(나중에 와서 이온의 모형이 확실해졌지만, 스토니 시절에는 오늘날과 같은 정확한 지식이 없었다)와 그것의 전기분해에 주목하고, 그것들의 연구 결과를 종합적으로 검토하여 전기에도 최소 단위가 있다는 것을 주장했다. 그리고 그는 이 전기소량(電氣素量: 최소 단위를 말함)을 전자(Electron)라고 명명했다. 현재 우리가 알고 있는 전자보다 훨씬 소박한 사고방식이기는 하지만, 현재 거의 일상용어로 사용되고 있는 이 전자라는 명칭은 이미 100년 이전인 1891년 스토니에 의해서 제창된 것이다.

진공 속을 흐르는 음극선의 발견

전기를 띤 작은 입자와 같은 것이 정말로 존재할까? 만약 있다면 어떤 상태로 되어 있을까? 그 후 화학자와 물리학자들이 이 조사에 나섰는데, 가장 효과적인 연구가 진공방전(眞空放電)이다. 진공관이라고 하지만 트랜지스터가 발명되기 이전의 정류와 증폭 작용을 하는 전기 기계와 혼동해서는 안 된다. 방전에 사용하는 쪽은 밀봉한 유리관 내부의 양단에 직류 전극판을 두었을 뿐인 아주 간단한 장치이다. 이것은 연구자의 이름을 따서 가이슬러관이라고 불리기도 한다.

관 내에 공기가 있을 때는 공기가 전기의 불량도체이기 때문에 전류가 발생하지 않지만, 관 내의 공기를 진공 펌프로 뽑아내면 전극의 금속판 사이에 전기가 흐른다는 것을 알았다. 더 자세히 조사하니 아무래도 마이너스의 극판으로부터 플러스의 극판을 향해서 '무엇인가'가 달려가고 있는 듯했다. 관 속에 날개바퀴를 두거나 차폐물을 넣어서 그 그림자를 만드는 등으로 이 사실에 대한 확증을 얻었다. 전류에 해당하는 것이 가이슬러관 속에서는 마이너스로부터 플러스로 달려가고, 자석을 가까이 갖다 대면 그 흐름의 곡선이 휘어져서 음전기라는 것이 한층 명확해진다. 그는 이 흐름을 음극선이라고 부르기로 했다.

원래 전류는 플러스 쪽에서부터 마이너스 쪽으로 흐르는 것이라고 정해져 있었다. 그런데 이 실험으로 이야기는 반대가 되었다. 마이너스 전기가 이전까지와는 반대 방향으로 달려가는 것이다. 진공방전에 대해서는 이 밖에도 관 속의 여러 발광현상 등 갖가지 흥미로운 연구가 이루어졌지만, 핵심적인 것은 흐르는 것이 음전기라는 점이다.

밀봉한 유리관 내부의 양단에 직류 전극판을 둔 가이슬러관의 내부 공기를 뽑아 가면, 전극 사이에 음극선이 흐른다. J. J. 톰슨은 이 흐름이 음전하를 가진 입자의 흐름이라는 것을 발견했다

스토니의 전자와 음전하야말로 전류의 주역이라는 사실을 바탕으로[전기량을 가리켜 간단히 전하(電荷)라고 한다] 물리학자들 사이에서 연구가 진행되었다. 1897년에 영국의 톰슨(1856~1940)에 의해서, 음극선은 음전하를 가진 입자의 흐름이라는 것이 확인되었다. 이는 원자보다 훨씬 작은 입자로서 그 질량(m)도, 음전하(e)도 너무 작아서 직접적으로는 도저히 측정할 수가 없다. 그러나 그는 음극선이 전기장이나 자기장에서도 휘어질 수 있다는 사실을 알고 그 곡률(曲率)의 크기를 조사하여, 이것에 기존 역학과 전자기학 공식을 적용하여, 두 양의 비(e/m)의 값을

얻어 냈다. 그는 맨체스터 출신으로 맨체스터와 케임브리지대학에서 공부하고, 케임브리지대학의 캐번디시 연구소 교수와 소장으로 일하면서 양자론이 탄생하기까지의 물리학과 화학 발전에 크게 공헌했다.

노벨상 학자를 배출한 캐번디시 연구소

여기서 당시 세계적으로 유명했던 캐번디시 연구소에 대해서 간단히 언급해 두기로 하자. 이 연구소의 이름은 본래 캐번디시(1731~1810)라는 영국 과학자(주로 물리학, 그 밖에 화학)의 이름에서 딴 것으로, 귀족인 그는 자기 저택 안에 연구소를 만들어 거기서 일생 동안 실험에 몰두했다. 그는 일생을 독신으로 지내면서 사교를 꺼려 거의 친구도 없었고, 남과 말을 하는 일조차도 드물었다. 그래서 그의 연구 업적은 그의 사후에 맥스웰에게 발견되기까지 묻혀 있었다. 그는 정전기의 힘이 거리의 제곱에 반비례한다는 것 등을 쿨롱보다도 앞서 발견했다. 그 밖에도 비열, 열팽창, 융해 등의 많은 연구 결과가 유품으로 남겨졌다. 학술 교류와 정보가 발달한 오늘날에는 도저히 생각조차 할 수 없는 일이지만, 자기의 취미로서 홀로 실험에 몰두했던 고독한 연구자가 존재하던 시대의 배경이 엿보인다. 후에 영국의 학술회의는 그의 이름을 딴 연구소를 설립하였고, 이 연구소는 19세기에 유럽에서 손꼽히는 연구기관으로서 주목을 받게 된다.

이 연구소의 소장인 J. J. 톰슨 자신은 제자인 애스턴(1977~1945)과 함께 무게가 다른(같은 종류의) 입자, 즉 동위원소(아이소토프)의 분리에 성공한다. 이 장치에 의해서 아이소토프의 연구는 비약적으로 증대되고 또 아이소토프 자체도 무수히 발견되게 된다. 양자론 탄생 전후의 큰 공적에 의해서 그는 1906년도 노벨상을 받게 되는데, 그의 문하에서는 러더퍼드와 윌슨, 타운센드(1868~1957, 아일랜드), 랑주뱅(1872~1946, 프랑스) 등 많은 우수한 학도가 배출되었다는 사실을 잊어서는 안 될 것이다.

밀리컨, 마침내 전기소량을 측정

하전비(e/m)는 구해졌지만, 후에 그 한쪽(실제는 e 쪽)의 절대적인 값을 처음으로 측정한 사람은 미국 물리학자 밀리컨(1863~1953)이다. 19세기의 미국은 과학적으로는 후진국에 속했으며 유럽에 비해서 연구자의 수도 매우 적었다. 그 당시 광속도 측정을 한 마이클슨과 이 밀리컨을 미국 과학계의 선구자라고 말할 수 있을 것 같다.

그는 상자 속에 떠돌아다니는 작은 기름방울에 X선을 쬐여 이것에 전기를 띠게 했다. 기름방울은 옆에서 적절하게 빛을 쬐이면 현미경으로 관찰할 수가 있다. 그리고 하나의 기름방울이 갖는 전기의 양은 전기소량(최소 단위) 자체이거나, 기껏해야 그것의 2~3배 정도에 지나지 않는다.

기름방울 자체는 매우 많은 분자의 집합체이지만(그렇기 때문에 볼 수가 있다) 그것이 띠고 있는 전하는 전자 한 개의 몫(다만 플러스일 경우도 마이너스일 경우도 있을 수 있다)이거나, 기껏해야 그것의 수배밖에 안 된다는 사실에 착안한 점에 밀리컨의 뛰어난 아이디어가 있다. 이 기름방울에 전기장을 걸어서 공기와의 마찰과 중력 등을 고려하여, 기름방울의 운동으로부터 마침내 전기소량을 측정했다. 이 연구로 밀리컨은 1923년 노벨상을 받았다.

그 후 측정법은 개선되었지만, 현재의 정밀도로서 전자의 전하는 $1.6021892 \times 10^{-19}$쿨롱($10^{-19}$는 1조분의 1의 1000만분의 1), 질량은 9.109534×10^{-31}킬로그램(10^{-31}은 10^{-19}의 1조분의 1)이라고 되어 있다. 그 정밀도는 어떻든 간에 양자론 탄생 전야에 전자의 이미지는 이미 완성되어 있었던 것이다.

3. 나가오카의 대예언

주목! 로렌츠의 전자론

현재의 소립자론(素粒子論)에서는 물질의 궁극적인 입자는 전자, 뮤(μ) 입자, 타우(τ) 입자 및 이 세 가지와 함께 만들어지는 각각의 중성미자(Neutrino: ν)로서 모두 여섯 종류의 경입자(Lepton)와, 중간자나 중입자〔Baryon: 양성자, 중성자, 람다(λ) 입자, 기타〕를 구성하는 역시 여섯 종류의 쿼크(Quark)일 것이라고 생각되고 있다. 그렇다면 전자의 발견은 바로 소립자, 다시 말해서 기본 입자의 발견으로서 대서특필되어 마땅하다. 양성자와 중성자의 발견, 그 후 파이(π) 중간자의 예언으로 이어지는 우주선(宇宙線) 속에서의 중간자의 확인은 물리학 사상의 획기적인 사건인데, 양성자와 중성자는 세 종류의 쿼크, 중간자는 두 종류의 쿼크로 구성되어 있다는 것이 이론적으로 뒷받침되어 있다.

거기에 대해 전자는 처음부터 철두철미한 기본 입자이며 그것이 다른 것의 '바탕'이 되는 입자의 복합물이라는 발상은 없다. 이런 의미에서도 소립자로서 전자의 중요성은 충분히 강조되어야 한다. 더구나 양자론이 구성되기 이전에 전자에 대한 모형적인 지식이 얻어지고 있었다.

물론 양자역학의 발달과 더불어 전자에 대한 이미지도 바뀐다. 빛과 마찬가지로 전자도 다른 면에서는 파동성을 갖는다는 복잡한 이야기가 되는데, 이것은 20세기가 되어서 극미의 세계의 수학적 기술(記述)이 여러 가지로 논의된 후의 이야기이다. 그 논의가 바로 양자역학의 발전인데, 화제를 다시 1900년 전후로 돌리기로 하자.

전자가 미소 입자라는 것을 알고 그 여러 가지 거동을 조사하여, 그것에 의해서 전자기학적인 여러 현상을 설명해 나간 개척자는 로렌츠(1853~1928, 네덜란드)였다. 독일 국경에 가까운 아른험 출신으로 레이던대학에서 공부하고 25살 젊은 나이에 그 대학의 교수가 되었다. 그는 빛의 굴절률과 밀도의 관계, 자기장 내의 편광현상, 나아가서는 자기장 내의 원자로부터 나오는 빛의 휘선 스펙트럼이 통상의 경우와 다르다는 것(이것을 제이만 효과라고 한다) 등 다방면에 걸친 연구를 했다.

또 빛의 매체로서의 에테르를 가정하여 결과적으로는 아인슈타인의 식과 같은 시간의 수축, 공간의 수축을 이끌어 내었는데, 그의 해석법은 아인슈타인과는 달리 시공간의 절대성을 고집했다. 즉 빠르게 달려가는 것은 에테르의 압력에 의해서 그 방향으로 수축한다고 생각했다. 사상이야 어떻든 간에 시공간의 변환식은 상대성이론에서와 전적으로 같기 때문에, 현재도 이것을 로렌츠 변환이라고 부르고 있다. 그러나 후에 그는 자신의 생각을 버리고 아인슈타인의 상대론적 견해에 공감했다.

그러나 그에 대해서 특기해야 할 것은 로렌츠 전자론(電子論)이다. 진공관 속의 음극선은 물론 금속 속에도 전자가 꽉 차 있고, 이것이 집단적으로 이동하는 것이 전류라고 생각했다. 또 전자는 당연히 운동 에너지도 운반하는데 이 현상이 곧 금속의 열전도(熱傳導)라고 하여, 금속이 열을 전도하기 쉽나는 사실을 설명했다.

양자론 또는 양자역학에서는 전자에 대한 기술 방법을 완전히 바꾸게 되는데, 양자역학을 사용하지 않고서 로렌츠의 전자론만으로도 현재 많은 전기현상을 꽤나 잘 설명할 수 있다. 이런 의미에서는 양자론 이전에 이루어진 로렌츠의 연구가 광범

위했었다는 점에 새삼 감탄하게 된다.

최초의 노벨 물리학상(1901)은 X선의 발견자인 뢴트겐이 받았지만, 두 번째(1902) 노벨상은 제이만(1865~1943)과 로렌츠에게 주어졌다. 둘 다 네덜란드인으로서 두 사람의 업적은 '복사에 대한 자기장의 영향 연구'로 되어 있다. 확실히 이 연구는 새로운 사실로서 신기한 것이었다. 그러나 로렌츠에 대해서는 고체 속 또는 기체 속에서 전자의 상태를 여러 각도에서 조사해 나갔다는 사실을 기억해야 할 것이다.

J. J. 톰슨 대 나가오카

가이슬러관의 음극판으로부터 전자가 튀어 나간다고 하게 되면, 당연히 금속판에는 수많은 전자가 존재하고 있어야 한다. 또 연달아서 전자가 보충되지 않으면 음극선은 금방 멎어 버리고 만다. 극판을 구성하고 있는 것은 결국 원자이다. 이렇게 되면 원자는 항상 전자를 갖고 있어야 할 것이다.

원자 자체는(그것이 이온 등이 아닌 한) 전기적으로는 중성이다. 그렇게 되면 마이너스 전하를 갖는 전자 외에 플러스의 전기를 띤 '무엇인가'가 있어야만 이치에 맞는다. 전자는 원자와 비교하여 극단적으로 가볍다는 사실도 알고 있다. 당연하게도 양전하의 것은 전자와 비교하여 충분히 무겁다. 바꿔 말하면 원자 무게의 거의 대부분은 그 양전하의 '무엇인가'가 떠맡고 있을 것이다. 여기까지는 알았지만 이제부터는 어떻게 생각해야 할 것인가? 1900년 전후에는 전혀 실마리가 잡히지 않았다.

1903년에 톰슨은 원자 모형을 제안했다. 그것은 크기가 10분의 1나노미터(1나노미터는 10억분의 1미터) 정도의 구체이고,

원자 모형을 둘러싼 영-일의 대결! 전혀 다른 이론을 나가오카와 J. J. 톰슨이 따로따로 발표한 것이다

구체 자체는 플러스의 전기를 갖고 있다. 그러나 이 속에 매우 많은 전자가 들어 있어서, 전자 전체의 마이너스 전하와 구체의 플러스 전하가 상쇄하고 있다. 진공방전의 경우 등은 이 원자의 덩어리 속으로부터 전자가 튀어 나가는 것이라고 생각했다.

톰슨은 결코 단순한 착상에서 이 모형을 제창했던 것이 아니다. 전류가 맹렬하게 변화하면 거기서부터 전파(정확하게는 전자기파)가 나간다. 더욱 급속도로 가속하면 파장이 짧은(헤르츠 수가 큰) 빛이 방출될 것이다. 그런데 지름 1옹스트롬(100억분의 1미터) 정도의 원자 속에서 전자가 진동하면(자세히 말하면 진폭이 0.5옹스트롬 정도인 난신동을 하면) 아마도 가시광선 정도의 전자기파가 나오게 될 것이라고 계산했던 것이다.

마침 같은 시기에 일본의 나가오카 한타로(1865~1950)도 원자 모형을 제안했다. 그러나 그의 모형은 톰슨의 모형과는 전혀 달랐다. 원자의 중심에 플러스의 전기를 가진 무거운 덩어리가 있고, 전자는 마치 토성의 고리처럼 그 주위를 돌고 있다는 것이었다. 원자의 크기는 마찬가지로 1옹스트롬 정도이지만, 그것은 전자로 만들어진 고리의 크기에 해당하고, 중심의 덩어리는 훨씬 작다. 따라서 원자에는 상당한 틈이 있는 것이 된다. 참으로 애매한 구조여서 발표 당시는 학자들 사이에서도 그다지 받아들여지지 않았다고 한다. 톰슨인가, 나가오카인가? 어느 쪽이 더 진실에 가까운가를 알려면 이로부터 10년쯤 후에 나온 러더퍼드의 실험과 보어의 이론을 기다려야 했다.

고집쟁이 영감, 나가오카 박사의 큰 공적

결국은 나가오카 모형이 보다 진실에 가깝다는 사실이 판명되고, 그의 일생 연구 중에서도 이 원자 모형은 특기할 만한 것이 되었다. 학문의 중심이던 유럽에서 멀리 떨어져 있는 극동에서 이러한 예언이 이루어졌다는 것은 당시로서는 매우 희귀한 일이었다. 이 무렵 세계 대부분의 사람들은 일본이라는 나라가 있는지, 있다고 하더라도 지구의 어디쯤에 있는지조차도 아마 모르지 않았을까? 러시아와의 전쟁에서 승리를 거둔 것은 모형이 제안된 1, 2년 후의 일이었다.

당시 일본에는 과학자의 수가 적었다. 1910년 오리자닌을 발명한 스즈키 우메타로(1874~1943), 1917년 KS자석강을 발명하고 숱한 자성체(磁性體) 개발에 공헌한 혼다 고타로(1870~1954)와 더불어 나가오카 한타로까지 세 과학자는 '일본 과학계의 세 타로'라고 불리었다.

또 주로 태평양전쟁 이전의 일이지만, "연구 외길에 몰두하느라고 러일전쟁이 있었다는 사실조차 몰랐던 학자가 있다"는 말이 속삭여졌다. 연구자란 모름지기 이래야 한다는 것인지, 학자가 세상 일에 몰상식하다는 것을 비웃는 것인지 그 어느 쪽으로든 해석될 수 있는 말이지만, 그 당사자는 아무래도 나가오카 박사를 가리키는 것 같다. 원자 모형을 제창한 시기로 미루어 생각한다면 시기적으로도 딱 들어맞는 일이기는 하지만 아무리 그래도 그런 사실이 있었을 것 같지는 않다. 실제로 박사의 전기(傳記)나 그 밖의 자료에 따르면, 그는 다분히 애국적이었고 대국과의 전쟁 상태로 돌입한 일본의 장래를 걱정하고 있었다고 전해진다. 아무리 농담이라고는 하나 후세의 사람이 무책임한 말을 만들어 낸다는 생각이 든다.

나가오카 박사는 1865년 일본 나가사키(長崎)현 출신으로 1887년 도쿄(東京)대학 이학부 물리학과를 졸업하고, 1893년부터 1896년까지 독일에서 유학했다. 청일전쟁도 타국 땅에서 지켜보고 있었다. 귀국 후 바로 31살의 젊은 나이로 도쿄대학의 교수가 되어 그 후 20년간을 물리학 교수로 지냈다.

그는 물체가 자석이 되면 근소하게 형태가 일그러지는 자기변형(磁氣變形)의 연구(1888), 암석의 탄성 측정(1890)을 비롯하여 오늘날에 말하는 지학 분야에도 손대고 있었다. 데라다 도라히코(1878~1935)의 예로도 알 수 있듯이 일본의 메이지(明治), 다이쇼(大正) 시대에는 지학도 물리학의 한 분야였으며, 많은 물리학자는 실험실 안에서의 측정뿐만 아니라 널리 자연을 관찰하는 방향으로 나가고 있었던 것이 아니었을까 하고 생각된다.

나가오카 박사는 1901년에 일본 도쿄와 독일 포츠담의 중력상수를 비교했고, 이듬해에는 일본 각지에서의 중력 측정을 지도했다. 보통은 간단히 9.8m/s^{2}로 하는 이 값도 더욱 정밀하게 측정하면 지방마다 각각 다르고, 그것에 의해서 각지의 지형과 지질 구조, 나아가서는 지구 자체의 성질이 해명되어 가는 것이다.

그 밖에도 그는 빛의 회절과 전류 유도의 문제 등도 조사하여, 후에 원자의 구조가 거의 밝혀지고부터는 수은, 그 밖의 원자로부터 나오는 파장의 분석을 상세히 조사하고 있다.

수은에서 전자 1개를 벗겨 내면 금이 된다?

원소의 주기율표에서도 알 수 있듯이, 금 원자는 79개, 수은 원자는 80개의 전자를 소유하고 있다(물론 나가오카의 원자 모형보다 훨씬 후에 판명된 일이다). 그래서 나가오카 박사는 화학자들에게 "자네들은 무엇을 꾸물대고 있는가? 수은 원자로부터 전자 한 개를 벗겨 내면 금이 되지 않는가. 귀중한 금을 수은으로부터 만들어 낼 수 있으니까 그 방법을 크게 개발해야 한다"고 말했다는 이야기도 전해지고 있다. 그러나 그 진위는 알 수 없는 일이다.

수은으로부터 전자 하나를 제거한 것은 어디까지나 수은 이온에 지나지 않는다. 금으로 만들기 위해서는 원자핵으로부터 양성자를 제거해야 한다. 원자핵을 바꾸는(따라서 원자를 바꾸는) 일은 특별한 것 이외에는(자연 붕괴, 인공 붕괴 등 그 예가 많다고 한들) 일반적으로는 불가능하다. 설사 가능하다고 하더라도 전자의 수를 바꾸는 것에 비교하면 100만 배 이상의 에너지가 필요하다. 즉 전자의 수를 바꾸는 것과 원자 자체를 바꾸는 것은 결코 같은 수준에서 논할 수가 없는 것이다.

어쨌든 나가오카 박사에 대해서는 고집쟁이 영감이라는 이미지가 항상 따라붙는다. 어쩌면 이것이 메이지 시대의 기질이라고나 할까? 하여튼 그 완고함으로 젊은 과학자들에게 자극을 주고 용기를 북돋아 일본의 과학을 추진시킨 공적이 크다.

그는 1937년 일본의 문화훈장을 받았고, 달의 뒤쪽에 있는 크레이터 중 하나가 '나가오카'라고 이름 붙여졌다.

양자론 탄생 전후에 일본에도 이런 과학자가 있었다는 것을 알아 두자.

4. 그 사람, 막스 플랑크

좋은 스승을 찾아 대학을 전전

양자론이 탄생하기까지는 전자의 발견이나 원자의 실체를 생각해 보려는 시도 등 자연계를 극미의 세계에서부터 다시 조사해 보려는 노력이 있기는 했지만, 진정한 의미로서 양자론의 탄생은 19세기도 막 끝나려는 1900년으로, 그 중심에 있는 사람의 이름은 플랑크이다. 다만 플랑크를 양자론 발견자로 부를 것인지, 제안자라고 할 것인지, 아니면 발명자(?)라고 일컬어야 할 것인지는 그 어느 것도 그리 적절하지 않을 것 같다. 그는 1900년에 빛의 성질에 대해서 그때까지와는 전혀 다른 수식을 제안했고, 실제로 그것이 물리현상을 올바르게 해석하는 식이었기 때문에 '제안자'쯤으로 부르는 것이 무난할 것 같다. 하지만 플랑크 자신은 자기의 식이 왜 실험 사실과 잘 일치하는지 처음에는 전혀 짐작이 가지 않았다. 실험과 잘 일치하는 식을 먼저 발표하고 난 뒤에야 여럿이서 그 물리적인 의미를 생각해 보았다는 것이 탄생의 경위였다고 말할 수 있을 것 같다.

그렇다고 해서 이것이 결코 플랑크의 업적을 과소평가해도 된다는 이유는 아니다. 오히려 그의 대담한 제안이 있었기 때문에 그것을 힌트로 하여, 또 그것이 큰 근거가 되어 20세기에 이르러 양자론이 크게 꽃을 피웠던 것이다. 남보다 앞서 착수한 그의 이름은 플랑크 상수라는 보편 상수의 이름과 함께 영원히 후세에 남겨지게 되었다. 그러면 이 플랑크라는 사람은 과연 어떤 경력의 사람이었을까?

그는 1858년 4월 23일 독일 북부 킬에서 태어났다. 한자 동맹 시대부터 발트해 입구의 요충지로서 번영한 이 도시는 그가 태어난 후 1871년, 독일의 국가 통일이 이루어지고부터는 군항으로서 발전하게 된다.

부친은 법률학 교수이고 집안은 프로이센의 명문이었다. 의무에 충실하고 스스로를 규율하기에 엄격하며 규칙은 정확하게 실행하는 전형적인 독일 가족이었다.

플랑크가 9살 때 일가는 독일 남부의 뮌헨으로 옮겨 갔다. 여기서 김나지움(중등학교)을 마치고 뮌헨대학에서 공부했다. 서양에서는 학생이 대학을 전학하는 것은 쉬운 일로서, 사실 많은 학생이 훌륭한 스승을 찾아 대학을 옮겨 다닌다. 물리학에 큰 관심을 가졌던 플랑크는 뮌헨으로부터 프로이센의 학술 중심지인 베를린대학으로 전학했다. 여기서 그는 두 명의 유명한 교수에게 강의를 듣게 된다.

마지막에는 두 청강생뿐

교수 중 한 사람은 키르히호프(1824~1887)이다. 전류회로 문제에서 키르히호프의 제1, 제2법칙은 고등학교 교과서에도 있다. 다만 그의 수업은 너무나 앞뒤가 정연하여 듣는 학생들의 졸음을 유발했다고 한다. 강의라는 것은 어느 정도는 '손더듬이'식으로 진행해 가면서, 학생과 더불어 생각하고 이야기해 가는 것이 좋을지도 모른다. 교수의 강의가 너무 사리에 정연하면 학생에게는 이미 의문의 여지가 없을뿐더러, 도리어 사고력을 일깨우지 못하는 것인가 싶다.

또 한 사람의 교수는 헬름홀츠(1821~1894)이다. 그는 물리학자인 동시에 생리학자이기도 하다. 자연과학을 폭넓게 연구하여, 현재로 말하면 학제적(學際的: 한 분야에만 구애되지 않고 다른 분야의 학문을 더불어 연구하여, 종합적인 입장에서부터 결론을 유도

하는 것)인 조예가 깊은 사람이다. 청각에 관한 문제와 삼원색(三原色)의 연구 등이 바로 그의 특기로 삼는 것이지만, 그 밖에도 전자기학, 열학, 음파의 공명현상 등 자연과학에 남긴 발자취가 매우 크다. 물리학의 기본 원리인 에너지 보존법칙은 1847년 그의 베를린대학 강연에서 제창된 것이다.

플랑크가 베를린대학의 학생이 되던 무렵에는 헬름홀츠는 물리학, 아니 자연과학 일반의 대가였으며 대학 안팎에서의 큰 지도자이기도 했다. 프로이센 정부 고관들과 잦은 회합을 가졌고, 때로는 프리드리히 황태자가 그의 연구실을 찾아오는 일도 있었다. 독일의 육해군을 통솔하는 이 황태자는 군사상의 병기와 그 밖의 문제로 과학자의 의견을 듣기 위해 찾아왔다. 당연한 일이었겠지만 그는 대학 강의 준비를 충실히 할 수 없었다. 그의 강의는 앞뒤로 맥락도 없이 왔다 갔다 하여 학생들은 도무지 무슨 내용인지 건잡을 수가 없었다. 게다가 강의하는 목소리마저 작아서 알아듣기 힘들었다. 더군다나 칠판에 쓰는 숫자가 너무 작아서 학생들에게는 매우 평이 좋지 않았다. 어느 때는 한 학생이 강의 내용에 대해 질문을 하려고 손을 들었더니, 조수가 허둥지둥 달려와서 그를 제지했다고 한다. 선생님께 의문을 품다니 당치도 않다는 것이었을까? 어쨌든 학자가 너무 위대해지는 것도 생각해 볼 만한 일이다.

이래서 학생들은 키르히호프의 수업에도, 헬름홀츠의 강의에도 손을 들었고, 청강생이 차츰차츰 줄어들더니 마지막에는 단 두 학생만 남게 되었다고 한다. 융통성 없고 착실하기만 한 학생 플랑크는 그래도 계속해서 출석은 했지만 강의에 매력이 있었던 것은 아니었다. 자기 나름대로의 방법으로 면학에 힘썼고 특히 열에 관한 물리학, 이른바 열역학에 열중했다.

또 플랑크와 함께 지루하고 따분한 수업에 출석했던 학생은 헤르츠(1857~1894)였다. 그는 특히 전자기학에 흥미를 가졌는데 후에 전파를 발견하게 된다. 주파수의 단위 'Hz'는 젊은 나이에 죽은 그의 이름을 딴 것이다.

고정 보수가 없는 사강사로

그런데 플랑크와 헤르츠가 대학을 졸업하던 무렵의 물리학은 약간 침체 상태에 빠져 있었다. '물리학에는 이미 새로운 발전은 없다'고 많은 사람들이 생각하고 있었다. 뉴턴에서 시작된 역학도, 패러데이와 맥스웰에 의해서 만들어진 전자기학도, 또 파동학이나 광학 등도 모두 완성된 것이라고 생각되었다. 나머지는 그것들을 응용하는 방법, 즉 공학 등에서 어떻게 이용하느냐는 것뿐이었다. 지금 생각해 보면 확실히 당시는 고전물리학의 완성기로서 '그것으로 끝장'이라고 착각되기 십상이었다.

당시의 학생에게는 물리학이란 진정 매력 없는 학문이었을 것이 틀림없다. 후에 와서 20세기 초에 태어난 수많은 물리학자가 양자론에서 크게 활약하게 되지만, 19세기 말 물리학의 진보는 골짜기에 빠져 있었다는 느낌이 든다. 오히려 화학이나 생물학이 활발했다.

다만 플랑크는 이상하리만큼 열역학에 관심을 가졌었다. 그는 숱한 물리현상뿐만 아니라, 화학과 기상학에도 열역학을 요인으로 하여 연구되어야 할 것이 있다고 확신하고 열에 관한 여러 가지 법칙을 철저히 조사해 나갔다. 그리하여 수많은 논문을 썼으나 아깝게도 무명인 그의 논문에 주목하는 사람은 거의 없었다. 더구나 스승인 헬름홀츠조차도, 열역학은 그의 전문 분야 중 하나였음에도, 플랑크 논문은 그 스승의 연구실 한구석에서 먼지를 뒤집어쓴 채 팽개쳐져 있었다고 한다.

이런 사정으로 「열역학의 제2법칙에 관하여」라는 그의 학위 논문은 모교인 뮌헨대학에 제출되어 1879년에 박사 학위를 받게 된다. 이듬해 그는 뮌헨대학의 사강사(私講師)가 되지만 생활은 결코 수월하지 않았다. 사강사라는 제도는 일정한 보수가 없고 다만 그 강의에 출석하는 학생들로부터 약간의 수업료를 받는, 말하자면 학생 수에 따라 수입의 배당을 받는 것으로서 정말로 유럽다운 제도라고 할 수 있다. 그중에는 10년이고 15년이고 사강사를 계속하는 학자도 있었던 것 같다.

그는 5년 후인 1885년이 되어서야 겨우 고향의 킬대학의 객원교수가 되었다. 정식 교수는 아니었지만 그래도 일단은 일정한 직업을 갖게 된 셈이다. 그로부터 2년 후인 1887년, 물리학회의 장로이던 키르히호프가 63세로 세상을 떠났다. 베를린대학에서는 그 후계자로 열역학과 통계역학(물질을 분자나 원자의 집합체로 보고 수많은 입자의 집단적인 행동으로부터 물리현상을 설명하는 학문)에서 공적이 큰 빈대학의 볼츠만(1844~1906)을 지목했다. 베를린은 당시 유럽의 신흥 학술의 중심으로서 이 대학의 교수라고 하면 사회적 지위가 매우 두드러진 자리였다. 볼츠만은 한때는 이 자리에 마음이 움직였던 것 같았으나, 프로이센이라는 곳은 선진국을 따라붙자, 앞지르자 하는 기풍이 강했고, 오직 합리주의 한길의 규칙과 법률로만 뭉쳐진 듯한 국가였다. 관대하며 자유롭게 살아가고 싶었던 그의 성격에는 도저히 맞지 않는다는 이유로 그는 모처럼의 초빙을 거절해 버렸다. 훨씬 후의 이야기이지만 아인슈타인도 베를린대학의 교수가 되었으나(1914~1933), 그도 역시 이 프로이센식 기풍에는 융합할 수 없었고 결국은 독일 나치에 쫓겨 미국으로 건너간다. 볼츠만은 그대로 빈에 남아서 거기서 통계물리학의 기초를 쌓게 된다. 그가 세상을 비관하여 자살한 것은 그로부터 17년 후의 일이다.

처음으로 빛을 본 논문

베를린대학에서는 볼츠만이 승낙하지 않자 킬대학의 플랑크를 후임자로 맞아들이기로 했다. 그러나 플랑크로 말하면 처음에는 객원교수에 불과했고 정교수가 된 것은 1892년이다. 어쨌든 이 파격적인 인사는 사람들에게 뜻밖의 일로 느껴졌다. 겨우 서른 남짓한, 그것도 무명의 학도를 왜 베를린대학이 초빙했을까 하고 의아하게 생각했던 것이다.

일설에 의하면, 당시 물리학회의 회장이던 헬름홀츠는 같은 독일의 괴팅겐대학 교수들과 에너지에 관한 문제로 거센 논쟁을 벌이고 있었다고 한다. 그가 어느 날 무심히 손에 들었던 논문이 그의 설을 전적으로 지지하는 것이었다. 저자의 이름은 막스 플랑크였다. '그렇다. 그를 베를린으로 부르자…….' 이것이 아마 그 경위였던 것 같다. 동기야 어찌 되었건 플랑크의 논문이 처음으로 빛을 보게 된 것이다.

독일식 훈육을 받으며 자랐고, 자기 자신의 생활에 엄격한 관습을 지켜 온 그에게는 베를린의 분위기가 오히려 적응하기 쉬웠을지도 모른다. 오직 학문에만 파고들다 일생을 마치는 학자도 결국은 사람의 자식이며, 자유분방한 분위기를 좋아하는 사람이 있는가 하면, 반대로 엄격한 계율 속에서 처신하기를 좋아하는 사람도 있다. 어느 쪽이 좋다거나 나쁘다고 말할 수는 없겠지만, 어쨌든 플랑크는 후자에 속했다. 그 후 1차, 2차 세계대전이라는 변화무쌍한 시대에, 89년간의 생애와 연구 생활을 시종 독일 국내에서만 보낸 것도 그의 성격에 기인하는 바가 크다.

플랑크는 이론물리학자이다. 그의 많은 동료들은 “그가 물리 실험을 하고 있는 것을 본 적이 없다”고 말한다. 그 진위는 접어 두고라도 19세기의 대학에서는 ‘이론만의 물리학’이라는 자리는(베를린대학과 같은 특수한 예를 제외하고는) 거의 없었다. 물리학은 반드시 실험을 수반하고, 이론가라고 해도 실험 기구를 다루어야 했다. 그런 의미에서도 플랑크가 베를린대학으로 옮겨 갈 수 있었던 것은 행운이었다고 할 수 있을 것이다. 그리고 여기에서는 헬름홀츠가 그의 스승이자 동료이기도 했다. 헬름홀츠의 기억에는 학생 플랑크의 모습이 남아 있지 않았을지 모르지만, 대학교수로서의 플랑크가 용액이론을 발표했을 때, 그는 옛 스승으로부터 처음으로 찬사를 받았다고 한다. 그의 연구는 열역학 이외에도 폭넓은 기초적인 문제를 다루었고 열학, 파동학, 전자기학 등에서도 지금까지 그가 쓴 교과서가 읽히고 있다. 당연한 일이지만 당시 대부분의 물리학자와 마찬가지로 그도 흑체복사의 문제에 대해 큰 관심을 쏟고 있었다.

5. 왜 1을 빼면 되는가?

용광로의 온도를 정확히 알고 싶다!

수학이나 물리학 등은 물론 그 자체가 독립된 학문 체계이기는 하지만, 그 발전의 역사를 돌이켜 보면 현실적인 필요성에서부터 정리(定理)와 법칙 등이 발견되고 진보해 나간 예가 많다. 고대 이집트에서는 논밭의 크기를 조사하기 위해 기하학이 만들어졌고, '속도란 무엇인가'라는 명제를 앞에 두고서 뉴턴과 라이프니츠는 미적분학을 만들었다. 양자론이라는 혁명적인 물리학의 발단도 공업적인 필요성에서부터 일어난 것이다. 독일 서북부의 자르(Saar) 지대는 유럽에서 손꼽히는 탄광 지역이고, 또 독일은 프러시아-프랑스 전쟁(1870~1871)으로 라인강 서부의 석탄이 풍부한 알자스(Alsace), 로렌(Lorraine) 지역을 손에 넣었다. 이 석탄과 철광석을 용광로에 넣어 고온으로 녹여서 철을 만든다. 비스마르크의 철혈정책(鐵血政策) 아래 제철업이 비약적으로 크게 일어났던 시대이다.

그런데 제품은 용광로의 온도에 민감하게 좌우된다. 당연하게도 기술자는 내부 온도를 정확하게 알고 싶어 한다. 하지만 당시는 열전기쌍(熱電氣雙)과 같은 전류를 이용하는 온도계가 없었다. 용광로의 구멍을 통해서 내부를 들여다보고, 그 색깔만으로 온도를 판단하는 장인 기술에 의존하고 있었다. 검붉을 때는 수백 도, 새빨갛다면 2,000도 이상, 더 온도가 올라가면 하얗게 된다는 식의 판단이었다.

그런데 색깔이 다르다는 것을 물리적인 말로 바꿔 놓으면, 빛의 파동의 길이(파장)가 다르다는 것을 말한다. 이것은 고전물리학에서도 분명히 인정하고 있다. 하지만 빛의 파장은 0.1미크론(1미크론은 100만분의 1미터)의 수배밖에 안 되는데, 삼각

유리의 프리즘이나, 더 정확하게 하려면 유리에 아주 가느다란 선을 많이 그은 회절격자(回折格子)라는 기구를 사용하여 측정할 수가 있다. 여러 가지 파장이 섞인 빛을 파장별로 나누는 일 또는 나눈 것을 스펙트럼이라고 하는데, 19세기 후반에는 스펙트럼 기술이 크게 발달해 있었다. 이 연구는 분광학(分光學)이라고 하며, 분광학의 진보가 양자론의 탄생을 크게 떠받치고 있었던 것이 사실이다.

검은 석탄은 일상적인 온도에서는 새까맣고, 1,000도 이상이 되면 붉은색 빛(파장 0.7~0.6미크론 정도)을 내고, 온도가 더 올라가면 그보다 짧은 파장의 빛도 복사한다. 더 고온이 되면 복사광은 파랑(0.4~0.5미크론)에까지 미쳐 모든 파장의 빛이 눈에 들어와 결과적으로는 하얗게 보인다. 실제로 태양의 표면 온도는 6,000도 정도이며 모든 파장의 빛을 골고루 복사하기 때문에 태양 빛은 백색 광선이 되는 것이다.

당시의 기술자는 경험과 직감으로써 용광로 속의 색깔에서 온도를 추정하고 있었으나, 물리 실험의 발달과 더불어 어느 온도에서는 어느 파장의 빛이 많이 복사된다는 것이 자세히 조사되었다. 측정을 몇 번이나 반복해서 가로축에 빛의 파장을 취하고, 세로축에 그 파장의 빛이 얼마만큼 다량으로 복사하는가를 취해서 그래프가 그려졌다. 이 그래프는 산 모양으로 되어 있고, 물체의 온도가 낮으면 작은 산이, 높으면 큰 산이 된다. 실험 끝에 그려진 이 산 모양 곡선 그래프의 성질은 독일 물리학자 빈(1864~1928)에 의해서 보다 자세히 검토되었다.

실험 결과는 정리가 되었지만 왜 그러한 곡선이 되는가? 바꿔 말해서 저온이면 붉은빛을 띤 에너지가 조금 방출되고, 고

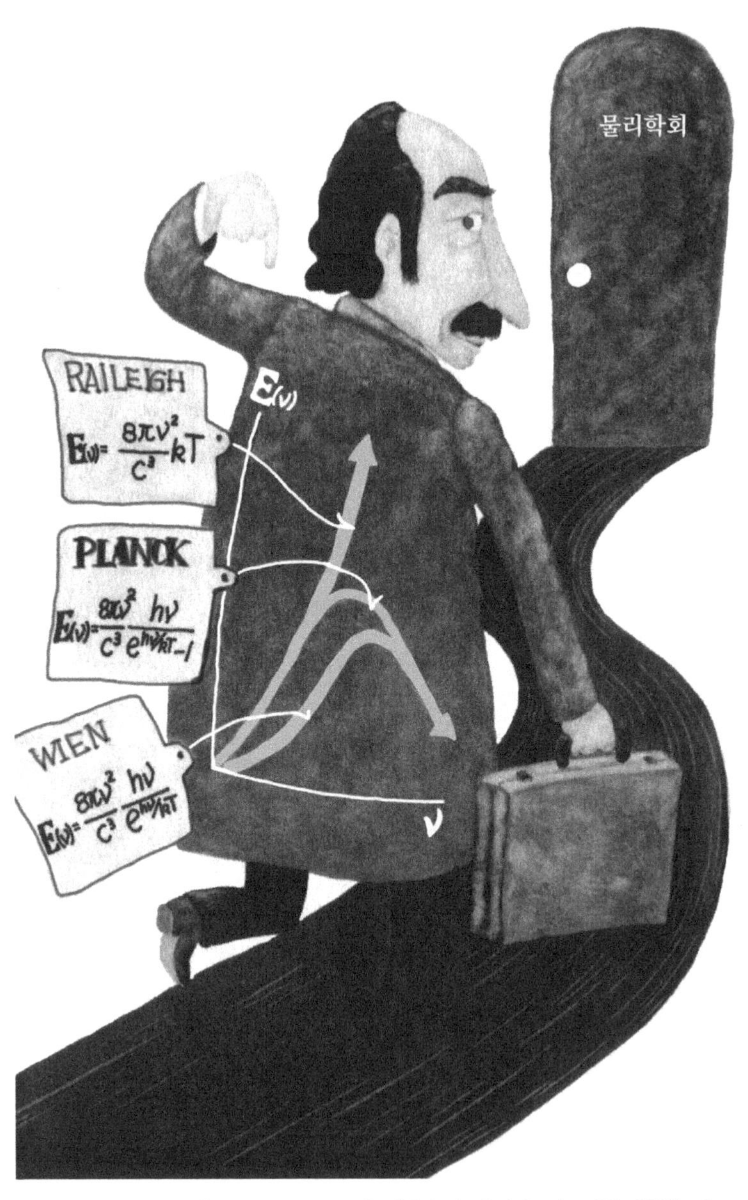

1900년 당시 물리학회에서는 물론 흑체복사에 관심이 집중되어 있었는데…

온이면 황색과 녹색이 더 섞여서 흰색을 띠는 빛이 다량으로 방출되는 것은 어떤 까닭인가? 이것에 정확한 이론을 부여하려는 시도가 '흑체복사(黑體輻射) 문제'이다. 이것은 열학과 전자기학(빛은 전자기파의 일종이므로) 양쪽에 걸쳐지는 문제로서 19세기 말의 물리학자는 이것을 이론화하고자 노력하고 있었다.

이치는 제쳐 두고 실험 곡선으로……

여기서 독자 여러분은 '흑체'라는 말에 구애될지 모른다. 물론 일반적으로 말하면 '뜨거운 것에서부터 나오는 빛'이라고 말하는 편이 분명하고 이해하기 쉬울 것이다. 그러나 이론적으로 그 메커니즘을 생각하기 위해서는 검은 고체라고 하는 것이 제일 낫다.

공기 속에서 산화반응을 하고 있는 불길을 조사해도 되겠지만, 어쨌든 불길은 외염부(外炎部)가 뜨겁고 내염부(內炎部)는 그리 뜨겁지가 않으며 불안정하다. 반응 도중에는 이론적으로 다루기가 어렵고 더구나 온도가 순간순간마다 바뀌기도 한다. 역시 고체가 좋다. 그렇다면 색깔이 있는 고체는 안 될까? 색깔이 있는 것은 백색광을 쬐었을 때, 어떤 파장의 색깔은 흡수하고 그 밖의 빛은 반사하는 불공평한 성질을 갖고 있다. 이 착색 고체를 가열하면 역시 특수한 파장(색깔)을 많이 방출한다는 바람직하지 못한 성질이 있다. 그것에 비해 석탄과 같은 새까만 것은 어떤 파장의 빛도 모조리 흡수한다. 반대로 그것이 뜨거워지면 적어도 자기의 기호에 따라서 특별한 색깔만 복사하지는 않는다. 즉 정확한 전자기이론(이라고는 해도 적외선이나 광선이지만)에 의거하여 복사파가 나온다. '흑체'라고 강조하는 것은 이러한 이유 때문이다.

기존 전자기학의 이론으로부터 이 문제에 대한 답을 내놓은 사람이 물리학자 레일리(1842~1919, 영국)와 진스(1877~1846, 영국)이다. 그들은 기존의 물리학(즉 양자론 이전의 고전물리학)에 입각하여 충실하게 이 문제를 연구하여, 뜨거운 물체로부터 복사되는 빛의 에너지를 그 파장의 함수라는 형태로서 수식으로 나타냈다. 이 식을 그래프화하여 실험 곡선과 비교해 보면 파장이 긴 부분에서는 확실히 잘 일치한다. 그러나 파장이 짧은 쪽에서는 전혀 들어맞지 않는다. 실험에서는 짧은 파장의 빛(청색이나 자외선)이 그다지 나타나지 않는데도, 그들의 이론에 따르면 짧은 파장의 빛(또는 자외선)이 얼마든지 방출되는 결과가 된다. 하지만 그들의 이론은 고전물리학을 인정하는 한 절대로 틀린 것이 아니다. 이론은 옳은데도 현실은 그렇지가 않다는 어쩔 수 없는 장벽에 부딪쳤던 것이다.

지금 생각해 보면 바로 고전물리학의 한계에 다다랐다고 말할 것이지만, 당시는 아직 거기까지 파고들지 못했다. 이상하다고 생각하면서도 그때까지 완성되어 있던 훌륭한 고전물리학을 정면으로부터 비판하는 등의 '신을 두려워하지 않는 사상'을 품는 사람은 없었다. 무엇인가 약간의 손질을 가함으로써 사태가 해결되겠거니 하는 것이 대부분의 사람들의 심정이었다.

이 문제에 일찍부터 착수하고 있었던 빈은 일단 이론 쪽은 접어 두고 실험 곡선과 잘 일치하는 식을 제안했다. 그의 식은 분모에 지수함수(자연로그의 밑인 e=2.71828의 몇 제곱인가의 식)를 가져온 좀 복잡한 것이지만, 이것이 또 실험과 잘 합치하는 것이다. 특히 레일리-진스의 식의 결점인 짧은 파장 부분에서

흑체복사—독일의 빈은 뜨거운 것으로부터 나오는 빛의 연구에 몰두했다

파장과 복사 에너지의 관계가 매우 잘 일치하고 있었다. 즉 짧은 파장(청색 쪽)의 복사가 적다는 결론으로 되어 있다. 다만 긴 파장(적색 쪽)에 대해서는 레일리-진스의 식과 비교하여 실선과의 일치가 좋지 않았다.

무서우리만큼 딱 들어맞는군!

플랑크가 베를린대학의 교수였던 시절, 흑체복사의 문제에 관해서 물리학회는 이런 사정에 놓여 있었다. 그도 이 문제에는 큰 관심을 갖고 있었지만 어쨌든 완전한 방법을 써서 계산하여도 사실을 설명할 수 없는 상황이었기 때문에, 솔직히 말해서 근본적인 해결책이 발견되지 못한 채로 있었다. 1900년 가을, 그는 베를린대학의 세미나에서 이 문제를 해결하기로 예정되어 있었다. 그래서 그해 봄부터 겨우 활발해지고 있던 통계역학과 엔트로피의 개념 등을 더불어 궁리하면서 흑체복사에 관한 문제를 정리하고 있었다.

대학교수에게는 조수가 있었다. 플랑크의 조수는 스승의 강의 내용을 정리하면서 레일리-진스와 빈의 식을 궁리하고 있었다. 그때 조수가 뜻밖의 말을 했다.

"선생님, 빈의 식의 분모에서 1을 뺐더니 실험과 딱 일치하는 식이 되는데요."

"정말이야? 어디 봐. 흠……. 이건 굉장한 일이군. 무서우리만큼 딱 들어맞는군."

이 대화야말로 진정한 의미에서 양자론의 출발점이었다고 할 수 있을 것 같다. 분모에서 지수항 빼기 1을 하면 실험 결과와 딱 일치한다. 왜 1을 빼면 되는지, 물론 조수도 알 수가 없었고 플랑크도 이런 식은 처음이었다. 그때는 마침 6월이었는데, 독일인은 예나 지금이나 여름철 바캉스만은 충분히 취한다. 대학도 곧 여름방학에 접어든다. 어쨌든 쉬고 보는 거다. 연구는 가을에 들어가서 천천히 하기로 하고, 교수도 조수도 잠시 동

안 휴식에 들어갔다〔이상, 조수에 의한 '빼기 1'의 이야기는 일본의 노벨 물리학상 수상자인 도모나가(朝永振一郞) 박사의 간담에서〕.

가을이 되어 새 학기가 시작되고부터 플랑크는 분모에 -1을 포함하는 식을 검토했다. 확실히 이것이야말로 흑체복사의 정확한 수식이 틀림없었다.

10월 19일의 세미나와 19세기가 막 끝나려는 12월 14일에 플랑크는 다시 물리학회에서 이 새로운 수식을 발표했다. 이후 이 식은 플랑크 식이라고 불리게 된다. 그리고 이듬해에 그의 연구는 물리학회지 『물리학 연보(Annalen der Physik)』에 실리는데, 여기서 그는 빛의 진동수〔이것에 그리스 문자의 뉴(ν)를 쓴다〕 앞에 걸리는 상수에 h라는 문자를 사용했다. 그리고 그 값을 여러 가지 실험 결과와 비교하면서 찾아내어 $h=6.55\times10^{-27}$erg·sec로 두고 있다.

후에 h는 광속도(c), 만유인력 상수(G)와 더불어 자연계의 기본 상수로 생각되고, 양자론의 발달과 더불어 플랑크 상수라고 불리게 된다. 다만 그 값은 현재는 더욱 정밀하게 얻어져서 같은 단위에서 $h=6.6260755 \times 10^{-27}$이 되었다.

빛의 에너지가 띄엄띄엄하기 때문에

이렇게 흑체복사를 정확하게 설명하는 식이 세상에 나오기는 했으나, 왜 이 식이 되어야 하는가를 알 수가 없었다. 또 플랑크 상수는 '그것'과 진동수를 곱하면 에너지(다만 매우 작은 에너지)가 되는 것이기는 하지만, h 자체가 어떤 의미를 갖는 것인지 확실하지 않다. 적어도 광속도(c)나 만유인력 상수(G)와 같이 감각적으로 이해할 수 있는 것은 아니다.

그로부터 몇 년간 플랑크는 물론, 열과 빛의 이론에 관심을 갖는 수많은 물리학자가 플랑크의 식이 갖는 의미를 해명하려고 그 이론적 연구에 몰두했다. 결과로서의 식을 먼저 알고 난 뒤에, 그 식이 어떠한 기반에서부터 나오는 것인가 하는 조사 방법은 순서가 거꾸로 된 것 같지만, 이론물리학은 흔히 이러한 방법으로 더듬어 가는 경우가 많다. 그리하여 얻어진 결론은 플랑크의 식이 무한등비급수(일정한 비율로 점점 작아져 가는 수열을 합산한 것)의 형태로 되어 있으므로 빛의 에너지는 띄엄띄엄한 값을 취한다는 것이었다.

19세기까지의 고전물리학에서는 전혀 상상조차 할 수 없는 가정을 설정하지 않으면 플랑크의 식이 나오지 않는다. 그리고 계속 되풀이하여 말하는 것 같지만 실험 결과는 바로 플랑크의 식 그대로인 것이다.

6. 레나르트와 아인슈타인의 대립!

볕에 '탄다', '안 탄다'는 불가사의

빛은 파동인 동시에 입자이기도 하다는 말이 양자론의 내용을 가장 단적으로 표현하고 있는데, 사태의 발단은 플랑크의 흑체복사 식에 있다. 이 식으로부터 얻어지는 결론은 에너지의 크기가 '띄엄띄엄'하다는 점이다. 그런데 입자이다. 띄엄띄엄하다고는 하지만 그 하나의 크기는 도대체 얼마만 한 것일까?

빛은 19세기까지의 연구에서는 파동이었으며, 파동이라는 것에는 일정한 점(點)을 1초 동안에 몇 번이나 통과하는가 하는 진동수(음파나 광파 등에서는 특별히 주파수라고 한다)가 있다. 빛은 파장이 짧고 더구나 빠르게 달려가기 때문에 진동수(ν)가 훨씬 커진다. 참고로 말하면 청색 빛에서는 매초 700조 회, 적색에서도 400조 회 남짓하게 진동한다. 가정용 전자레인지 속에서도 스위치를 넣으면 전자기파가 달려가는데(빛도 전자기파도 질적으로는 같은 것이다), 이쪽은 27억 5000만 헤르츠로서 빛의 10만분의 1도 안 된다. 그러나 억(億)이니 조(兆)니 해도 이런 숫자는 일상적으로는 도무지 감이 잡히질 않는다.

그런데 플랑크의 식으로부터 결론이 나는 빛 한 개의 '입자'로서의 크기는 $h\nu$가 된다. ν는 큰 값이지만 h는 극단적으로 작기 때문에 입자 한 개의 에너지값은 작다. 물리학에서는 에너지를 줄(Joul=J)이라는 단위로써 나타내는데, 빛의 입자 한 개의 에너지값은 1줄의 1조분의 1의, 다시 1000만분의 1 정도밖에 안 된다. 뒤집어 말하면 이 입자가 1조 개의 1억 배쯤 물에 쪼이면 물 1그램의 온도가 1도쯤 올라가는 것이 된다.

그러나 분자, 원자 또는 전자와 같은 작은 대상에 눈을 돌렸을 때 이 에너지는 '적당'한 크기인 것이다. 이를테면 원자로부터 전자를 벗겨 내는 데 필요한 에너지(이것을 화학에서는 이온화 에너지라고 부른다)라든가, 수소 분자와 산소 분자가 화합할 때에 나오는 에너지 등은 거의 빛의 입자의 에너지에 해당한다. 20세기에 들어와서부터 원자나 전자의 물리학이 크게 발달하여 여러 가지 반응에서 에너지의 드나듦이 문제가 되는데, 그 크기가 빛의 입자가 갖는 에너지 정도인 것이다. 그러므로 화학반응으로 발광한다거나, 또는 대상물에 빛을 쬐이면 약간의 변화가 일어난다는 것은 물리나 화학뿐만 아니라 생물학 등 자연현상 일반에서도 중요시되는 것이다.

빛의 양과 질의 차이

hν라는 값을 고집하는 한 ν가 큰 청색 빛이 ν가 작은 적색 빛보다 강하다고 할 수 있다. 그렇다면 방 안을 밝히기 위해서는 전등에 엷은 청색 종이를 씌우면 되는 것일까? 이런 터무니없는 이야기는 있을 수가 없다. 여기서 질과 양의 차이를 확실히 해 두어야 한다.

추운 겨울날에는 온종일 스키를 탄 것만으로도 피부색이 검어진다. 여름도 아닌데 회사나 백화점의 직원이 검게 탄 얼굴로 수줍은 듯이 손님을 대하고 있는 것을 가끔 본다. 보는 사람은 '스키를 몹시 좋아하는구나' 하고 속으로 생각한다. 그런데 일주일간이나 10일간이나 마루에서 햇볕을 즐기고 있는 노인은 통 볕에 타지 않는다. 나이가 많아서 그런 것이 아니다. 젊은 사람이라도 스키장이나 마을(도시의 거리에서도 마찬가지이지만)의 양지바른 곳에서는 그렇게 볕에 타지 않는다. 후자가 광선을 받는 시간으로 치면 훨씬 더 길다. 따라서 살갗에 닿는

여름에 햇볕을 쬐면 살갗이 새까맣게 탄다. 그러나 난로는 아무리 쬐어도 살갗이 타지 않는다. 인간의 피부에 화학반응을 일으키는 에너지란?

에너지의 합계가 훨씬 더 많을 터인데도 말이다.

가장 뚜렷한 예로는 여름철의 해안에서는 1시간, 아니 20분 정도만 있어도 피부 색깔이 다소 바뀐다. 그런데도 난로 앞에서는 2시간, 3시간을 버티고 앉아 있어도 절대로 볕에 타는 일이 없다. 고전물리학적으로 말하면 난로에서 받는 복사 에너지가(이 경우는 빛뿐만 아니라, 그보다 진동수가 작은 적외선 쪽을 많이 받는 것이 되지만) 훨씬 크다. 즉 인간의 피부에 화학반응을 일으키게 하는지 아닌지는 에너지의 '양'만으로 결정되는 일이 아닌 것이다.

툇마루나 난로에서는 $h\nu$가 탁탁 뭉쳐서 쪼이지만 ν가 작기 때문에 살갗에 화학변화를 일으킬 수가 없는 것이다. 그런데 자외선이 많은 해안이나 높은 산 등에서는 한 개의 $h\nu$가 커서 금방 새까맣게 탄다. $h\nu$의 질이 뛰어난(?) 셈이다. 도시 생활을 하고 있는 직장인이 하루 동안 등산을 갔더니 온 얼굴에 주근깨가 생겼다는 예도 있다.

하나하나의 $h\nu$가 크다(질)는 것과 작은 $h\nu$가 많다(양)는 것은 성질이 다른 것이라고 생각해야 한다. 고전 전자기이론에서는 어느 쪽도 다 에너지이고 양자에는 구별이 없었다. 양자론적인 사고방식을 사용하여 비로소 설명할 수 있는 일이다. 양자론이라고 하면 덮어놓고 어려운 이야기처럼 생각하지만, '볕에 탄다'는 극히 일상적인 현상 가운데서도 볼 수 있는 것이다.

자외선을 조금만 쬐는 것은 소수정예주의이고, 보통 빛을 듬뿍 쬐고 따뜻해지는 것은 인해전술(?)이라고나 할 수 있을지 모른다.

빛의 '덩어리'란?

플랑크는 수식으로부터 빛이 띄엄띄엄하다는 것을 제시했는데, '실제로 그와 같다'는 것을 보여 주는 실험이 광전효과(光電效果)이다. 빛을 금속에 충돌시키면 전자가 튀어 나온다는 것을 발견한 사람은 할박스인데, 1902년에 레나르트는 정밀한 실험을 하여 진동수가 일정한 값 이상의 빛(즉 청색을 띤 빛)일 때에만 이 현상을 볼 수 있고, 또 충돌시키는 빛의 진동수가 클수록 전자가 세차게 튀어 나간다는, 즉 튀어 나간 후에도 큰 운동 에너지를 갖는다는 사실을 발견했다. 금속에 '빛'이 충돌했기 때문에 전자가 튀어 나가는 이 현상을 광전효과라고 부르고, 그의 실험 결과는 이 현상이 충돌하는 빛의 양이 아니라 질과 관계되어 있다는 것을 말하고 있다.

원자는 지름이 1미터의 100억분의 1 정도이고, 전자는 이보다 더 작다고 생각된다. 만일 빛이 보통의 파동이고 발광체로부터 공간으로 골고루 퍼져 나가는 것이라면, 그렇게 작은 '표적'에 충돌하는 에너지는 굉장히 적어져서 도저히 금속으로부터 전자를 끌어내는 일 같은 것은 할 수가 없다. 빛이 전자에 충돌할 때 '덩어리'처럼 탁탁 부딪치지 않으면 광전효과 같은 것은 일어날 수가 없다. 어려운 말로 하면 빛이 물체에 충돌할 때는 국재화(局在化: 어느 부분에 뭉쳐져 있다는 뜻)되어 있어야 하는 것이다. 빛이 입자라고 하더라도 그것을 직접 볼 수 있는 것은 아니지만, 광전효과는 빛의 입자성을 뒷받침하는 것이라고 할 수 있다.

아인슈타인의 망명

이와 같은 실험 사실을 딛고 서서 1905년에 아인슈타인은 빛이 입자라는 것을 공표하고, 여기에 '광양자(光量子)'라는 이름을 붙였다. 후에 이것은 간단히 '광자(光子)'라고 불리게 되는데, 이때 이후 빛의 입자설은 과학자들 사이에서 차츰 인정을 받게 된다.

아인슈타인은 1921년 노벨 물리학상을 받는데, 그의 업적은 '이론물리학의 여러 가지 연구, 특히 광전효과의 법칙 발견'으로 되어 있다. 이 무렵 그는 상대성이론의 제창자로서 명성이 높았지만, 정치적인 배려에서 '상대론'이 아닌 '광전효과'로 결론지어져 버렸다. 한편 레나르트는 아인슈타인보다 16년이나 앞선 1905년에 '음극선의 연구'로 노벨상을 받았다. 그 후의 양자론 발전을 이루는 출발점으로서 두 사람의 업적은 빼놓을 수 없는 것이지만, 이후 두 사람은 개와 원숭이처럼 사이가 나빠졌다.

레나르트의 유태인에 대한 혐오심은 유명한데, 특히 그는 1

차 세계대전에서의 독일의 패배가 유태인 탓이라고 믿고 있었다. 그는 그 후에 대두한 반유태주의에 공명하여 히틀러가 영도하는 독일 나치의 열렬한 지지자가 되었다. 그는 당연히 유태인인 아인슈타인을 배척하려 했다. 상대론은 이교도의 학설이라고 공격한다. 그렇지만 광전효과는 훌륭한 학설이라고 말하고 있으므로 생각해 보면 매우 이상한 이야기이다. 하지만 사실 광전효과가 아인슈타인의 연구가 아니라 레나르트 자신이 이룩한 업적이라고 주장하는 태도에는 변함이 없었다.

한편, 아인슈타인은 1차 세계대전 중 오랫동안 베를린대학의 교수직에 있었으나, 처음부터 획일적이고 규칙만 내세우는 독일의 기풍에는 융합할 수가 없었기에 독일 나치가 세력을 떨치기 시작한 1933년에 미국으로 망명해 버린다. 그리고 일생 동안 상대성이론의 확정화에 힘을 쏟는다. 그러나 이 두 사람의 사이가 험악해진 1920년대부터 1930년대에 걸쳐서, 양자론은 1900년 전후에 출생한 젊은 학도들의 손으로 옮겨져 새로운 양자역학이 크게 발전해 간다.

또 빛의 입자성은 이보다 상당히 뒤의 일이지만, 1923년 콤프턴(1892~1962, 미국)의 실험에 의해서 결정적인 것이 되었다. 멎어 있는 한 개의 전자에, 가령 서쪽에서부터 빛의 입자(당시는 이미 광자라고 부르고 있었다)가 충돌한다. 예컨대 전자가 동남쪽으로 튕겼다면 광자는 동북쪽으로 튀는 것이다. 광자는 에너지뿐만 아니라 운동량도 갖고 있는 것이라고 생각하고, “질량은 에너지이다”라는 상대론의 결과까지를 고려해서 계산해 보면 이론과 실험 결과가 완전히 일치한다. 이 충돌현상을 콤프턴 효과라고 부르며, 그는 이 업적으로 1927년 노벨 물리학상

빛은 파동인가, 입자인가? 당시 물리학자들은 그날그날 파동론과 입자설을 가려 썼다

을 받았다.

이렇게 빛의 입자성이 확실화되어 갔지만, 회절격자 등을 통해서 생기는 줄무늬 등을 관찰하는 한에서는 역시 파동이었다. 예로부터 파동이라고 일컬어져 온 '그 성질'이 사라져 버린 것은 아니다. 그런 까닭으로 빛이란 파동과 입자의 이중성을 가진 불가사의한 존재라고 여기게 되었다. 이 무렵에는 "물리학자들은 빛에 대해서 월, 수, 금은 파동론을 사용하고, 화, 목, 토는 입자성을 사용하여 토의하고 있다"는 농담이 오고 갔다. 휴일인 일요일이 가장 마음 편한 날이었는지도 모른다.

전기 양자역학의 시대로

이렇게 기묘한 것을 어떻게 생각해야 할까? 결론부터 먼저 말하면 관찰하는 방법에 따라서 마치 파동이 달려가는 것도 같고, 또는 입자적이기도 하다. 관찰하기 이전의 것이 '무엇'이었는가는 상관할 바가 아니라는 것이다. 그리고 중요한 것은 관찰하는 방법에 따라서 파동도, 또 입자도 되는 이 대상물을 어떻게 기술하느냐는 것이 문제라는 것이다. 물리학은 여러 가지 양(많은가 적은가의 정도)을 다루는 학문이므로 당연히 수학을 사용해야 한다. 그런데 이 기묘한 대상물에 대해서는 종전까지 사용하고 있던 수식으로는 표현이 불가능하다. 시간과 더불어 대상이 어디로 이동하고, 속도가 어떤 상태로 바뀌는가 하는 단순한 수식으로는 도저히 감당할 수가 없다. 다른 보다 수준 높은 수학을 궁리한 끝에 만들어진 것이 양자역학이다.

그러나 이 참신한 양자역학이 세상에 나온 것은 1920년대 중엽이며, 플랑크의 흑체복사이론 이후 20년간은 새로운 아이디어에 입각한 물리학이 탄생되는 모색의 시대이다. 후에 와서 사람들은 이 시기를 전기(前期) 양자역학(또는 고전양자역학) 시대라고 부르게 되었다. 진짜 양자역학으로 옮겨 가는 과정으로서의 약간 '임시변통적'인 수식을 사용했지만, 이 시기에는 오히려 원자란 도대체 어떠한 구조로 되어 있느냐는 문제가 대두되어, 이것이 해명되어 가는 것이다.

7. 원자 속으로 뛰어들다

'원자 불변설'을 버리다

빛은 어느 경우에는 파동이고, 또 다른 경우에는 '입자'라는 불가사의한 사고방식이 조금씩 정착되어 갔다. 상식적으로는 참으로 기묘한 말이기는 하지만, 사실이 그렇다면 그것을 인정하지 않을 수가 없지 않느냐는 사상이 1900년대에서 1910년대에 걸쳐 서서히 물리학자들 사이로 퍼져 나갔다. 다만 얼핏 보기에는 딜레마라고도 생각되는 사고 내용을 충분히 검토하였고, 또 이 '기묘한 대상물'을 수식으로 나타내는 데는 어떤 수학을 사용해야 하는가 하는 문제는 1920년대가 되고서부터 급속히 진전한다. 그 새로운 수학이 바로 양자역학으로, 1925년 전후 젊은 물리학자들에 의해서 꽃을 피우게 된다. 그러나 여기에 도달하기까지는 많은 고생을 쌓아 가야 했다.

극미의 세계를 연구하는 양자론 학자들의 최대 관심사 중 하나는 물질의 궁극적인 요소인 원자란 도대체 어떤 것인가 하는 점이었다. 이것에 대해서는 1903년에 톰슨의 구상(球狀) 모형과 나가오카 박사의 토성 모양 모형이 제창되어 있었다. 어느 것이 진짜인가 질문한들, 눈으로 볼 수 있는 것도 아니요, 현미경을 사용해서 알 수 있는 것도 아니다. 무엇인가 더 색다른 방법으로 실증해 주어야 한다. 여기에 등장하는 사람이 영국의 실험물리학자 러더퍼드(1871~1937)이다. 그의 훌륭한 실험에 의해서 모형 다툼에 결말이 났고 원자의 올바른 모습이 판명되어 갔다. 이런 의미에서는 그를 원자물리학의 개척자라고 일컬어도 될 것이다.

러더퍼드는 당시의 학자로서는 드물게도 뉴질랜드의 넬슨 근교에서 태어났다. 오스트레일리아도 뉴질랜드도 그 무렵은 대영제국에 속해 있었기 때문에 수재들은 영국 본토로 유학을 갔다. 그도 뉴질랜드의 칸터브리 칼리지에서 공부한 후, 장학금을 받아 케임브리지대학 캐번디시 연구소의 연구생이 되어 J. J. 톰슨에게 가르침을 받았다. 1898년 몬트리올로 건너가 맥길대학의 교수가 되었으나, 1906년 다시 영국 본토의 맨체스터대학 교수로 취임했다. 여기서 차분히 자리를 잡아 물리 실험에 몰두하였는데, 특히 방사성 물질로부터 나오는 알파(α)선에 강한 관심을 가졌다.

그는 톰슨과의 공동 연구에서는 기체 속에 X선을 통과시키면 기체 분자가 전리(電離)되어 양과 음의 이온으로 분리된다는 것을 발견했고(1896), 1899년 방사선을 그 투과력의 차이에 따라 알파선과 베타(β)선으로 분리했다. 1902년 알파선을 자기장 속에서 휘어지게 하는 일에 성공하고, 이것이 플러스의 전기를 띤 비교적 무거운 입자라는 것을 제시했다. 이듬해에는 화학자 소디(1877~1956, 1921년도 노벨 화학상 수상자)와 함께 '방사선 변환설'을 제창했다.

원자로부터 전자가 튀어 나간다는 것은 진공방전 실험을 통해서 일찍부터 알려져 있었지만, 이것은 단순히 '원자가 전자를 상실했다'는 것 또는 좀 더 정확하게 표현한다면 '원자가 플러스의 이온이 되었다'는 것을 의미하는 깃으로서, 플러스 이온은 부근에 여분의 전자가 있기만 하면 재빨리 이것을 흡수하여 본래의 원자로 되돌아간다. 그런데 알파선의 방출이란 원자에 있어서는 훨씬 규모가 큰 변화인 듯하다. 자기가 갖고 있는 전자를 그냥 휙 내던져 버리는 것이 아니라, 자기 몸을 파괴하여 방출하고 있는 것이라고 생각할 수밖에 없다. 즉 그리스 시대부터 믿어져 온 "원자는 불변하는 것"이라는 사고방식을 과감하게 버렸던 것이다. 이것이 '방사성 변환설'이며 그들은 토륨이라는 물질에 이러한 성질이 있다는 것을 제창했다. 또 러더퍼드는 알파선의 실험을 정밀하게 반복함으로써 1907년 이 '선'이 헬륨 원자핵의 흐름이라는 것을 확인했다.

원자번호와 같은 수의 전자

원자가 방사선을 방출하여 다른 물질로 바뀌어 버린다는 대발견으로 러더퍼드는 1908년 노벨 화학상을 받게 되는데, 이후에도 계속하여 방사선 연구에 몰두했다. 이 알파선을 얇은 금속박(箔)에 충돌시켜 그것이 도로 튕겨 나가는 각도를 조사했다.

금속박이라는 것은 금속 원자가 결합하여 늘어선 고체이다. 만일 원자라는 것이 톰슨식으로 커다란 구(球) 모양이고 이것에 양전하가 균일하게 분포되어 있다고 가정한다면, 이 원자로써 만들어지는 박 표면은 양전하가 얄팍하고 넓게 퍼져 있다는 것이 된다. 이것에 플러스의 전기를 띤 알파선이 충돌하면 양전기와 양전기로 서로 반발하지만, 정밀한 계산에 의하면 그렇게 세게는 튕겨 나오지 않는다. 그런데 나가오카식 모형처럼 원자의 중심 작은 부분에만 양전기가 모여 있다고 하면 알파선의 일부가 매우 강하게 튕기게 된다. 원자를 직접 보지 않더라도 이 실험에 의해서 원자의 구조를 알 수가 있다.

러더퍼드가 캐나다로부터 맨체스터대학으로 부임하던 무렵, 거기에는 독일 물리학자 가이거(1882~1945)와, 러더퍼드와 같은 뉴질랜드 출신의 마스덴(1889~1970)이라는 젊은 두 학생이 있었다. 두 명의 연구자는 러더퍼드의 지도 아래 알파선을 물질에 충돌시켜 그것이 휘어지는 방법(산란각이라고 한다)을 상세히 검토했다. 그리하여 마침내 알파선은 금속박 속을 거의 똑바로 관통하지만, 이따금씩 두드러지게 휘어지는 경우가 있다는 사실을 발견했다.

1909년 발견된 새로운 사실은 정리되어 1911년 논문으로 발표되었다. 원자의 중심에는 '심'이 존재하는데 러더퍼드는 이것을 '핵'이라고 불렀다. 크기는 실험 결과로부터 조사해 보니 1센티미터의 10조분의 1 정도밖에 안 되었다. 원자 자체 크기의 10만분의 1 정도이다. 즉 원자는 그 자체가 매우 작지만 그 무게(정확하게 말하면 질량)의 대부분은 중앙부의 더욱더 작은 부분에 집중해 있다는 것이 된다. 그 이외의 장소는 '틈새'라고 하게 되는데, 이 틈새에 전자가 존재한다.

또 산란 실험의 결과, 전자가 갖는 전기량을 -e로 했을 경우 원자핵의 전기량은 Ze라는 사실도 발견했다. Z는 정수이지만 물질에 따라서 다르고 수 개 또는 수십 개의 값이 된다. 원자 전체로서는 플러스와 마이너스의 전기량은 상쇄되어 있어야 한다. 그렇다고 하면 원자가 갖는 전자는 Z개라야 한다.

그러면 이 Z에는 어떤 의미가 있을까? 무거운 원자일수록 Z가 크므로 이것이 원자량을 나타낸다고 생각한 학자도 있었다. 그러나 이는 원자량이 아니라 원자번호라는 것을 지적한 사람이 네덜란드의 아마추어 과학자 안토니우스 반 덴 블랙이었다고 한다. 그것은 1913년의 일로 이듬해인 1914년에 러더퍼드는 이 과학자의 이름을 들면서, 원자에는 원자번호와 같은 수의 전자가 핵 바깥에 있고, 그와 같은 수의 양전하가 작은 원자핵 속에 있다는 것을 논문집 『Philosophical Magazine』에 발표했다. 「원자의 구조」라는 표제의 이 논문에 의해서 고대로부터 분할할 수 없다고 알려져 있던 원자의 전모가 밝혀진 것이다.

노벨상 수상 후에도 위대한 연구를……

원자핵 주위 전자에 대한 연구는 이론물리학자 보어의 연구와 더불어 더욱 추진되는데, 그 전에 다시 한 번 러더퍼드의 업적을 돌이켜 보기로 하자. 노벨상은 결과적으로는 학자의 생애 최고 연구에 대해서 수여되는 것이지만, 러더퍼드에 관해서는 약간 다른 듯하다. 사실 아인슈타인의 수상 업적도 '상대성 이론'이 아니라 '광전효과'였지만, 이것은 정치적인 배려에 의한 것으로서 예외라고 해야 할 것이다. 러더퍼드는 1908년 '원소의 붕괴 및 방사성 물질의 화학에 관한 연구'라는 업적으로 이미 노벨 화학상을 받았다. 즉 37살이던 이 시점에 세계적인 화학자로 일컬어지고 있었음에도 불구하고, 원자의 구조 해명에 힘을 쏟아 마침내 원자의 정체를 밝혀냈다. 이 연구는 차라리 물리학에 속해야 할 것으로서, 수상 대상이 된 업적을 능가하면 능가했지 결코 그보다 못하지 않았다. 수상한 이후에도 위대한 연구를 이룩한 소수의 학자 중 한 사람이라고 할 수 있다. 또 1914년에는 앤드래이드와 함께 제3의 방사선인 감마(γ)선이 파장이 짧은 전자기파라는 것을 증명했다. 여기에 이르러 방사성 물질로부터 나오는 알파, 베타, 감마의 세 가지 선이 모조리 해명된 셈이다.

그러나 이해 6월에 일어난 사라예보 사건*을 발단으로 유럽은 1차 세계대전에 돌입하게 된다. 맨체스터의 연구원들도 차츰 전쟁터로 끌려 나갔다. 남은 연구원도 해군 관련 일을 맡게 되어 무척 바빠졌다. 그러나 이런 전란 중에서도 이미 독일로 귀국해 있던 옛 동료, 가이거와 편지를 교환할 수 있었던 것은 러더퍼드에게는 참으로 다행한 일이었다. 그의 제자 채드윅(1891~1974)이 독일군 포로가 되었을 때, 그는 가이거를 통해 채드윅이 수용소 안에서 연구를 할 수 있게 주선했다고 한다. 섬멸전이라고 불린 2차 세계대전과 비교하면 1차 세계대전은 어딘가 여유가 있던 듯하다. 채드윅은 영국으로 돌아와 1919년 러더퍼드와 함께 케임브리지의 캐번디시 연구소로 들어가서, 1932년 중성자를 발견하여 1935년 노벨 물리학상을 받게 된다.

방사선 과학을 연구하는 러더퍼드에게는 물론 방사선 물질이 필요했다. 실험 재료로는 라듐이 가장 적합했다. 그런데 맨체스터에는 라듐이 거의 없었다. 당시 유럽에서 라듐을 생산하고 있는 곳은 오스트리아-헝가리 제국의 할슈타트 광산뿐이었다. 그래서 빈의 과학아카데미는 350밀리그램의 브로민화라듐을 영국에 빌려주었다. 러더퍼드와 램지(1852~1916, 당시 런던대학 교수, 1904년도 노벨 화학상 수상자) 두 사람에게 사용하라고 보내온 것이었다.

그러나 어느 세계에나 있듯이 동업자끼리의 공명심, 질투, 시기 때문에 램지는 이것을 독차지하고 말았다. 본래부터 램지와 러더퍼드는 사이가 나빴기 때문에 도무지 나누어 줄 것 같지가

---

* 편집자 주: 1914년 6월 28일 오스트리아 황태자 부부가 사라예보에서 암살된 사건으로 1차 세계대전이 시작되는 계기가 됨

않았다. 부득이 러더퍼드는 사방으로 손을 써서 다시 빈 과학 아카데미로부터 라듐을 손에 넣을 수 있었다. 1차 세계대전이 발발하기 직전의 일이었다.

러더퍼드의 성실성은 그 후에 나타난다. 전후 영국은 비싼 라듐을 적국의 재산이라 하여 몰수하려 했다. 러더퍼드는 이에 반대하며 정부 고관을 설득하여, 그것에 해당하는 값으로 구입하기로 했다. 패전국인 빈의 연구소는 한때 파산 상태에 빠져 있었는데 이 자금으로 재기할 수 있었다.

8. 전자의 정체를 밝히기 일보 직전에

'전자'를 해명하는 실마리는 '빛'

러더퍼드의 실험으로 원자 중심에는 작은 원자핵이 있고, 그 주위에 원자번호와 같은 수의 전자가 존재한다는 것을 알았다. 그렇다면 그 전자는 어떤 상태로 원자 안에 머물러 있는 것일까? 전자는 음전하이고 핵은 양전하이기 때문에 양자 사이에서 거리의 제곱에 반비례하는 인력이 작용하고 있음은 확실하다. 이것을 쿨롱의 힘이라고 부른다. 전자가 정지해 있으면 이 힘에 의해서 핵으로 잡아당겨진다. 그러나 전자와 핵을 잇는 선에 대해서 어느 각도를 가진 속도가 주어져 있으면, 마치 인공위성과 같은 이치로, 전자는 핵을 중심으로 하는 원궤도 또는 핵을 초점으로 하는 타원궤도를 그리면서 돌고 있는 것이 된다. 당연히 전자에 대해서도 이러한 모형이 고안되었다.

그런데 지구를 도는 인공위성의 회전반경은 어떻게 결정할까? 이것은 최초의 분사 로켓의 양으로써 결정된다. 상공으로 쏘아 올린 후에 가로 방향으로 달려가게 하는데, 연료가 적고 고도가 낮으면 저공의 극한에서 공전을 하게 되고(다만 이때의 속도는 초속 8킬로미터 정도로 1주에 소요되는 시간은 1시간 25분 정도로 정해져 버린다), 더욱 연료를 사용하여 고공에서 돌아가게 할 수도 있다. 지구로부터 4만 킬로미터(달까지 거리의 1할 남짓)나 떨어진 곳에서 원운동을 시킬 수도 있으며, 이때의 일주일에 소요되는 시간은 24시간(정확하게 말하면 23시간 56분)이 된다. 지구도 자전하고 있으므로 이 경우는 정지위성이 되어서 국제통신에 이용된다. 즉 인공위성은 적당한 기술만 있으면 크게 공전시키든 작게 돌아가게 하든 또는 원궤도나 타원궤도로 하든 인간의 마음대로 할 수 있다.

같은 사고방식을 원자 속의 전자에 적용하여 본다면, 전자는 원자핵 주위를 크게도, 작게도 돌아갈 수 있게 된다. 수소 원자라면 한 개의 전자는 어느 원자에서는 좁은 범위로 작게 돌아가고, 어느 원자에서는 시원스레 크게 돌아간다. 나트륨 원자라면 11개의 전자가 제각기 임의의 궤도 위를 움직인다. 정말로 그럴까? 러더퍼드의 실험에서는 중심에 핵, 주위에 전자가 있다는 것을 알았지만, 그 전자가 어떤 상태로 되어 있는지는 확실하지 않다. 1910년대에는 원자 속 전자의 상태를 해명하려고 물리학자들이 힘을 쏟고 있었다. 그 해명의 실마리는 '빛'을 조사하는 데에 있었다.

전자와 광자의 상호작용

태양이나 전구 또는 네온사인 등 우리는 빛이 나오는 '근원'을 많이 알고 있지만 그 빛은 마이크로적(매우 작은 입장에서)으로 말해서 도대체 어디서부터 나오는 것일까? 발광원에 물질이 있기 때문에(가령 불길이라고 하더라도 거기에는 산소와 탄소, 또는 수소 등이 있다), 어쨌든 원자로부터 나온다고 생각해야 한다. 그 원자 속의 어느 부분으로부터 나오는 것일까?

빛은 전자기파의 일종이고 보통의 전파는 전류가 맹렬하게 변화함으로써 발생한다. 마찬가지로 원자 속에서는 넓은 공간을 돌고 있는 전자가 빛(전자기파)을 내게 된다. 또 물체에 빛이 충돌하면 빛은 흡수되는데, 빛을 흡수하는 것도 전자이다. 빛의 방출이나 흡수는 전자가 한다는 것이 여러 가지 일들로부터 확인되어 있었다. 그 복잡한 '메커니즘'을 '전자와 광자의 상호작용'이라고 부르고, 그 후 오랫동안 물리학의 주요한 연구 과제가 되었다. 일본의 도모나가 박사와 그 밖의 많은 사람들이 양자역학을 사용하여 이것을 이론적으로 조사해 나갔는데, 자세한 해명은 1940년대가 되어서 이루어진다.

다시 1910년대로 되돌아가자. 불길이나 흑체복사의 경우의 뜨거운 물체 등에서는 방대한 분자, 또 그것을 형성하는 원자가 불규칙한 운동을 하고 있다. 당연히 원자 속의 전자는 이 또한 제멋대로의 맹렬한 운동을 하여, 거기서부터 방출되는 빛의 에너지는 작은 것에서부터 큰 것에 이르기까지 각양각색의 것이 총동원되게 된다.

그런데 플랑크의 발견 이후 빛의 에너지란 $h\nu$라는 것을 알고 있다. h는 플랑크 상수(어떤 경우에도 일정한 값이 되는 수)이고 ν가 진동수(별명 주파수)이다. 여기서 말하는 '에너지가 큰 빛'이란 진동수(ν)가 크다는 것을 의미한다. '많은' 빛의 입자가 달려오는 것과 혼동해서는 안 된다. 진동수(ν)란 어떤 정지해 있는 장소를 파동의 마루가 1초 동안에 몇 개나 통과해 가는가 하는 개수이다. 물론 바다의 파도처럼 눈으로 측정할 수 있는 것이 아니다.

정밀한 기계로 측정하면 라디오의 전파에서 1초간에 100만 번쯤(이것을 1,000킬로헤르츠라고 한다)이고, VHF TV에서 1억 번(100메가헤르츠) 정도, UHF TV에서는 한 단위가 늘어서 10억 번(1,000메가헤르츠 또는 1기가헤르츠) 정도이다. 라디오나 텔레비전의 수신기는 듣고 싶은 진동수의 파장만을 골라서 수신할 수 있게 되어 있다. 채널이라는 것은 방송국마다 할당된 주파수를 말하는 것이다.

그런데 빛의 경우 주파수는 크게 10^{17}헤르츠(1조의 10만 배)

의 수배 정도가 된다. 이렇게 큰 값이 되면 이제는 진동수를 사용하지 않고 파장으로써 표현하게 되어 있다. 빛이 1초간에 달려가는 거리 c(지구의 7바퀴 반의 크기)를 파동의 개수 ν로 나눈 값 $\lambda=c/\nu$는 '한 개의 파동'의 길이가 되고 이것이 파장이다. 1미터의 10억분의 1을 나노미터라고 부르는데, 눈에 보이는 전자기파(즉 빛, 때로는 가시광선이라고 부른다)는 400~700나노미터 사이이다. 이렇게 하여 단파장인 400 정도의 것은 인간의 눈에는 보랏빛으로 보이고, 파장이 길어짐에 따라서 청, 녹, 황이 되고, 700 정도가 되면 붉은빛으로 느껴진다. 700보다 더 긴 파장인 것은 적외선, 나아가서는 열선, 400보다 짧은 것이 자외선, 나아가서는 X선이다.

암호(빛의 파장)를 해독하라

태양이나 뜨거운 물체로부터 나오는 빛은 모든 파장의 빛이 섞여 있기 때문에 종합적인 색깔로서, 고온이라면 백색, 약간 고온(2,000~3,000도)이라면 종합적으로 붉은색을 띠게 보인다. 하지만 특별한 원자만을 모아서 이것을 고온으로 한 경우, 방출되는 빛의 파장은 '특정한 것'밖에 없다는 사실을 19세기부터 알고 있었다. 여러 가지 파장의 빛을 파장마다 따로 나누는 것을 분광(分光)이라 하고, 분광학(分光學)은 19세기 말에서부터 20세기 초에 걸쳐서 두드러지게 발달했다. 삼각형 프리즘 유리를 사용하는 것만으로도 분광이 가능하지만, 회절격자나 그 밖의 기구를 사용하여 빛의 파장을 매우 정확하게 측정할 수 있었다. 그리고 가장 가벼운 수소 원자로부터 나오는 파장군은 1884년 스위스 물리학자 발머(1825~1898)에 의해서 발견되었

빛의 파장(스펙트럼군)의 측정까지는 그럭저럭 당도했다. 그렇다면 각각의 수치에 어떤 관련성이 있을까? 이 수열을 둘러싸고 물리학자들은 암호 해독반 같은 노력을 기울였다

다. 이 스펙트럼군(분광 또는 분광된 것을 스펙트럼이라고 한다)을 발머 계열이라고 부른다. 그 값은 나노미터 단위로 적으면 656.2, 486.1, 434.0, 410.2, 397.0, ……으로 이어진다.

발머는 여기서 생각에 잠겼다. 어째서 수소 원자에서 나오는

빛은 온도나 압력 등에 관계없이, 또 언제 실험을 하고 어디서 측정하든지 이처럼 남는 숫자가 없는 파장의 것만이 방출되는 것일까? 또 수치의 '수열' 사이에는 어떤 관계가 있는 것이 아닐까? 자연현상으로서의 이 수치군은 불규칙적인 것이라고는 생각되지 않는다.

그는 암호를 해독하는 사람들처럼 이 숫자를 주물럭거렸다. 차이가 일정(등차수열)한 것도 아니고, 비가 일정(등수비열)하게 되어 있는 것도 아니다. 훨씬 더 복잡하다.

옛날, 전시 중의 암호 해독반은 숫자만으로 구성된 적의 암호를 해독하는 데에 이웃끼리의 수를 보태거나 빼거나 하여 최종적인 숫자에 도달하려고 고심한 듯하다. 물리학자들도 마찬가지로 자연계가 내놓는 암호 수치를 풀려고 밤낮없이 골머리를 썩였던 것이다. 그리하여 마침내 성공했다.

발머 계열의 값 그대로는 생각하기 어렵기 때문에 그 역수($1/\lambda$)로 하여 배열해 보았다. 나노미터라는 단위는 인간이 멋대로 정한 것이므로 수치의 절댓값에는 의미가 없다. 그러므로 모든 값을 R(나노미터 단위라면 0.01097 또는 1.097×10^5㎝$^{-1}$)로서 묶어 낸다. 이 상수(R)를 뤼드베리 상수라고 부른다. 뤼드베리(1854~1919)도 원자와 분자의 스펙트럼을 연구한 스웨덴 화학자로서 원자 구조의 해명에 공헌한 사람이다.

그런데 R로 일괄하면 앞에서 말한 수소 원자 스펙트럼의 역수는 0.1389R, 0.1875R, 0.2100R, 0.2222R, 0.2296R, …… 이 되는데, 이 수열에는 규칙성이 있는 것일까?

'크게 있다'. 제1의 수는 $1/2^2-1/3^2$, 이하 $1/2^2-1/4^2$, $1/2^2-1/5^2$, $1/2^2-1/6^2$, $1/2^2-1/7^2$, ……처럼 이어진다. 좀 복잡한

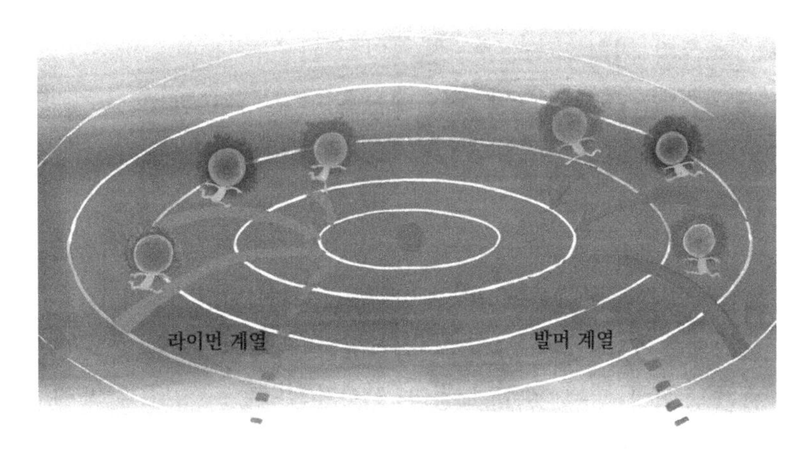

n=1로 떨어질 때 방출되는 스펙트럼 에너지가 라이먼 계열
n=2로 떨어질 때가 발머 계열 …… 이것은 보어가 발견한 것이다

역수끼리의 뺄셈이라지만 2, 3, 4, 5, 6, 7, …… 같은 정수만으로 표기된다. 지나치리만큼 이야기가 잘 맞아떨어진다. 그러나 실험 사실을 정리하니 이렇게 되었던 것이므로 솔직히 인정할 수밖에 없을 것이다. 너무도 규칙적으로 정수가 늘어서 있어서 도저히 우연이라고는 생각되지 않는다.

그렇지만 관계식을 발견하기까지는 매우 험난했다. 실험적으로 발머 계열이 발견된 후 뤼드베리의 정리(1890)가 나왔고, 이것과는 관계없이 독일 물리학자 슈스터(1851~1934)가 법칙화했으며, 발견자인 발머가 1897년 이것을 공식화했다.

잇따라 모습을 나타내는 '정수의 수수께끼'

19세기에는 양자론이 없었다. 그런데도 수소 원자의 스펙트럼은 2, 3, 4, …… 등의 정수로 나타내어진다. 2.8이라든지

4.76 등의 남는 숫자가 달린 어정쩡한 수는 없다. 이것은 도대체 어떻게 된 것일까? 어쩌면 자연계의 밑바탕은 인간이 상상하는 이상으로 더 단순화되어 있을지 모른다. 이 기묘한 공식은 그대로 20세기로 넘겨졌다. 분광학은 더욱더 발달했지만 진짜 목표는 '빛' 자체를 연구하는 것이 아니라 빛에 의해서 발사체의 원자의 구조, 특히 원자번호와 같은 갯수의 전자의 상태를 조사하는 데 있었다. 그리하여 원자 속에 있는 이 '정수의 수수께끼'는 후에 양자론에 의해서 비로소 해명되는 것이다.

분광 기계가 발달하여 스펙트럼의 파장은 유효 숫자의 8자리까지 측정할 수 있게 되었다. 발머는 눈에 보이는 빛을 조사했지만 자외선이나 적외선도 사진건판 등을 사용하여 자세히 관측할 수 있게 되었다. 미국의 물리학자 라이먼(1874~1954)은 자외선 부분에서 스펙트럼군을 발견했는데, 이것은 라이먼 계열이라 부른다. 그리고 이 파장군의 역수는 뤼드베리 상수를 별도로 하면 1(즉 1의 제곱분의 1)에서부터 2 이상인 정수의 제곱분의 1을 뺀 것으로 되어 있다. 결국 공식은 1, 2, 3, …… 의 정수로 나타내어지는 것이다. 이어서 독일의 실험물리학자 파셴(1865~1947)은 1908년에 파셴 계열을 발견하는데, 이것은 $1/3^2$로부터 $1/4^2$, …… 등을 뺀 것이다. 이렇게 되면 나머지는 고구마 줄기를 훑어 내는 것과 같다. 빠지는 수치가 $1/4^2$인 것이 영국의 블래킷(Patrick M. S. Blackett, 1897~1974: 윌슨의 안개상자의 교묘한 이용 방법으로 1948년 노벨 물리학상 수상)에 의해서, 또 $1/5^2$인 것이 푼프에 의해서 1924년 발견되어 전자상태의 해명을 위한 준비가 갖추어졌다. 이제는 천재 물리학자의 출현을 기다릴 뿐이다.

9. 닐스 보어, 덴마크에 있노라!

양자론을 길러 준 어버이—닐스 보어

플랑크를 양자론을 낳아 준 어버이라고 한다면 닐스 보어는 양자론을 길러 준 어버이라고 해도 될 것이다. 19세기에서부터 20세기 초기에 걸친 학문의 중심은 당연하게도 유럽이었다. 이를테면 물리학에서는 영국과 독일, 그에 이어 이탈리아, 프랑스, 오스트리아, 헝가리 제국 등의 대국을 비롯하여 네덜란드, 스위스, 스웨덴 등의 작은 나라들도 수많은 학자를 배출하고 있다. 그러나 학문도 차츰 조직화되고 스승을 모시고 배울 기회가 늘어나는 동시에, 그 지도적 역할을 하는 권위자와 연구소는 대국에서 태어나는 것이 일반적이었다. 덴마크라는 작은 나라에서 닐스 보어가 자라고, 코펜하겐을 이론물리학, 특히 양자론의 중심지로 만든 것은 정말로 예외라고 말할 수 있을 것이다.

닐스의 아버지, 크리스티안 보어는 코펜하겐대학의 생리학 교수였다. 그의 아내 아들러의 부친, 즉 닐스의 외조부는 재정가로서 일가는 코펜하겐의 외조부 댁에 살고 있었다. 처음에 제니라는 여자아이가 태어났고 이후 1885년 10월 7일에 장남인 닐스가 탄생했다. 그해 플랑크는 27살, 아인슈타인은 6살이었다.

보어 집안에는 2년 후에 차남 하랄이 태어나, 장남인 닐스의 놀이 상대 또는 싸움 상대로 함께 자랐으며 형은 물리학자, 동생은 수학자가 된다. 형제는 스포츠를 좋아했고 동생 하랄은 축구 챔피언으로서 런던까지 원정을 갔었다. 유럽에서는 예나 지금이나 축구에 대한 열정이 대단하고 프로 야구에 못지않을 만한 열성적인 응원단이 있다. 닐스와 하랄은 형제 선수로서 국제적으로 알려져 있었다. 닐스는 7살부터 17살까지, 즉 초등학교부터 중학교, 고등학교가 일관된 학교에서 공부하여 모든 학과에서 우수한 성적을 거두었다. 다만 작문(물론 덴마크어로 쓰는 작문)만은 질색이었던 것 같다. 과학 실험도 시계 등 기계의 수리도 잘했고, 사고를 논리적으로 정리하는 일이 특기였던 그도 그런 일들을 문장으로 정리하는 데는 무척이나 고생을 한 듯하다.

1903년 닐스는 코펜하겐대학에 진학했다. 나가오카 박사와 톰슨이 원자 모형을 제안한 해였다. 이 대학은 미국이나 영국의 대학처럼 넓은 캠퍼스를 가진 것도 아니고, 오래된 시내 중앙에 있는 차라리 사무실이라고 부르기에 걸맞을 듯한 건물이다. 그는 물리학과 수학을 공부하는 한편 스피노자의 철학에 끌렸으며 또 키르케고르의 문장을 탐독했다고 한다.

닐스는 부친의 친구이자 물리학 교수인 크리스티안센에게 가르침을 받았다. 스승은 언제나 영국과 독일에서의 물리학 발전을 강조하면서, 소국 덴마크는 두 나라의 중간에서 그들 학문을 흡수하기에는 안성맞춤의 위치에 있다고 가르쳤다. 실제로 닐스는 스승이 지적한 대로 영국의 실험물리학, 특히 원자 구조에 대한 문제와, 독일의 이론물리학, 특히 파동론을 중요시하는 방법을 더불어 공부하고 이것을 기초로 양자론을 만들게 된다.

두 대국 사이에 끼인 덴마크는 정치적으로는 매우 불안했으며 직후에 일어난 1차 세계대전과 그 후 20년쯤 후의 2차 세계대전에서는 큰 고난을 겪게 되지만, 학문적으로는 큰 이점이 있었다는 사실을 잊어서는 안 될 것이다. 또 많은 학자들이 정치적인 트러블 등에 싫증이 나서 최종적으로는 미국 등에 영주

해 버리는 예가 많았으나, 닐스는 마지막까지 덴마크의 보어로서 이 땅에서 일생을 마쳤다는 점에서도 그의 기백을 엿볼 수가 있다.

원자의 구조만 알게 된다면!

닐스는 1905년에 덴마크 과학아카데미가 주최한 현상 논문에 응모하기 위해 표면장력(表面張力)과 액체분사(液體噴射)를 연구했다. 이 무렵 대학의 물리 교실이 작았기 때문에 닐스는 아버지의 연구실을 빌려서 이 실험을 했다. 유리 세공이 어려워서 한번은 폭발 사고까지 일으켰지만 겨우 논문을 완성하여 상을 획득할 수 있었다. 이때의 응모 논문은 모두 두 편이었고 양쪽 모두 훌륭한 것이어서 심사위원회는 두 사람에게 모두 금메달을 수여했다고 한다. 닐스의 표면장력이론은 이로부터 35년 후의 원자핵 구조 모형의 기초가 된다.

닐스는 이 연구를 더욱 발전시켜 1909년「흐름의 진동에 의한 물의 표면장력 측정」이라는 제목의 논문을 영국으로 보내어 런던 왕립협회의 잡지『Philosophical Transaction』에 게재하게 되었는데 이것이 석사 논문이 되었다. 또 1910년에 '금속의 전자론'을 연구하여 박사학위를 받았다. 이보다 앞서 동생 하랄은 코펜하겐대학의 졸업 시험을 끝내자 바로 독일의 괴팅겐대학으로 유학하여 유명한 수학자 란다우에게 가르침을 받게 되었다.

여름휴가에는 축구 선수이자 젊고 기운찬 과학자이기도 한 닐스와 하랄, 그리고 하랄의 친구의 누이동생인 마르그레테 세 사람은 코펜하겐의 거리를 산책하며 공원에서 보트 놀이에 흥을 돋우었다. 그리하여 닐스는 1912년 여름, 26살 때 마르그레테와 결혼하게 된다.

결혼하기 전해, 닐스는 영국의 캐번디시 연구소로 존경하던 J. J. 톰슨을 찾아갔다. 닐스는 표면장력과 같은 물질의 성질을 연구하는 동시에 원자의 구조 문제에도 큰 관심을 기울이고 있었다. 이때 톰슨은 55살로 이미 27년간이나 이 연구소의 소장으로 일하고 있었다.

젊은 덴마크의 학도는 떨리는 손으로 자신의 박사 논문을 내놓았다. 톰슨은 그것을 책상 위에 받아 놓고 그를 정중히 맞이하여 아버지 크리스티안에 관한 일, 스승 크리스티안센의 근황 등을 물으면서 흥겨워했다.

닐스는 톰슨 아래에서 표면장력을 연구하게 되었다. 그러나 초기 단계의 유리 세공에서부터 곤란에 빠졌다. 유리관이 만들어져도 실험은 뜻대로 진척되지 않았다. 게다가 설상가상으로 톰슨에게 보고를 하러 갔더니, 닐스의 논문은 책상 위에서 먼지를 덮어쓴 채 그대로 있었다. 톰슨도 그것에는 좀 민망한 표정을 지으면서 곧 읽어 보고 협회로 보내겠다고 약속했다.

그러나 논문을 받은 『Philosophical Society』에서는 논문이 너무 길기 때문에 절반으로 줄여 달라는 조건을 붙여 반송해 왔다. 닐스는 절반으로 줄여서는 자신의 의견을 설명할 수 없노라고 거절했다. 이런 경위로 보어의 전자론 논문은 끝내 영어로는 출판되지 못했다.

보어에게 단기간의 캐번디시 연구소 생활은 결코 수확이 많은 것이라고는 할 수 없었다. 그러나 그것으로 낙심하는 일은 없었다. 항상 바쁘고 많은 학생을 돌보아야 하는 톰슨 교수가 자기만 상대하고 있을 수는 없는 것이 당연하다고 생각했다. 그는 여기서의 짧은 생활도 일생 중 하나의 경험이라고 유순히 받아들이면서 케임브리지를 떠나 맨체스터로 향했다. 이 공업 도시의 대학에서 러더퍼드에게 가르침을 받아 이번에는 원자 구조에 대한 연구를 추진하게 되었다. 러더퍼드는 보어보다 14살이나 많았지만 여기서도 보어를 따뜻하게 맞아 주었다.

티 타임에는 러더퍼드를 에워싸고 가이거, 마스덴 등의 연구자들이 모여들었다. 물론 보어도 자리를 같이했다. 방사성화학이 화제의 중심이었지만, 원자의 구조에 화제가 미치면 보어도 열중하여 끼어들었다.

"원소의 특징이란 것은 결국은 원자의 차이에 귀착되는 것이 아니겠는가?"

"금속과 같은 고체도 산소나 질소와 같은 기체도 근본을 캐면, 원자 구조의 어떠한 차이에서부터 생기는 것이 아닐까? 기체와 고체는 감각적으로는 큰 차이가 있지만, 그 차이를 원자의 구조로부터 설명할 수 있는 것이라고 생각한다."

"산소처럼 잘 화합하는 것이 있는가 하면, 아르곤처럼 거의 화학반응을 하지 않는 물질도 있다. 이런 일들도 원자의 구조로부터 설명할 수 있는 것이 아닐까?"

현재 화학이나 물리학에서는 거의 다 해명된 사실도 1910년에서 1911년경에 걸쳐서는 아직 해결되지 않았다. 아주 조금씩 진상이 밝혀지기 시작하고 있던 여명기였다. 원자의 구조만 확실해진다면 화학과 물리학의 기본적인 문제를 풀어 나갈 수 있다고 사람들은 생각했는데, 특히 보어는 이 문제를 향해서 일직선으로 매진해 나갔다.

지금은 물리학의 상식이 되었지만

보어는 1912년 8월 1일 마르그레테와 결혼을 약속했기 때문에, 7월 24일에 맨체스터를 떠나 코펜하겐으로 출발해야 했다. 그는 그 이틀 전인 22일에 논문을 완성하여 러더퍼드에게 가져갔고, 논문을 건네주면서 자기를 잊고 말하기 시작했다.

"선생님의 알파선 산란 실험에 의하면, 원자는 중심에 무거운 핵이 있고 그것은 양전기를 가졌습니다. 그리고 그 주위를 음전기를 띤 전자가 돌고 있다고 합니다."

"발머 등의 휘선 스펙트럼으로부터 추정하여 그 운동은 한정된 것이어야 합니다. 한정된 궤도운동만이 전자에 허용되어 있습니다."

여기서 그는 전자가 갖는 에너지는 뤼드베리 상수(R)와 광속도(c) 및 플랑크 상수(h)를 곱한 마이너스의 값, 즉 $-Rch$ 또는 그것의 2^2분의 1 또는 3^2분의 1……이 되어야 한다고 주장했다. 좀 더 일반적으로 말하면 전자의 에너지는 $-Rch/n^2$이며, n은 1이나 2나 3……과 같은 정수여야 한다는 것이다.

인공위성의 에너지는 고도의 기술만 지니면 어떠한 값도 취할 수가 있지만, 원자 안의 전자는 그렇게는 되어 있지 않다고 그는 결론지었다. 이렇게 생각함으로써 수소 원자로부터 나오는 빛의 스펙트럼을 설명할 수 있다는 것을 강조했다.

n이 3, 4, 5, …… 등인 상태에 있는 전자가 $n=2$인 상태로 떨어질 때의 방출 에너지는 각각 정해져 있고, 이것을 파장으로서 관측한 것이 발머 계열이다. 가장 깊은 $n=1$의 상태로 떨어질 때에 방출되는 스펙트럼은 라이먼 계열이다. $n=3$으로 떨어질 때에 방출되는 에너지군은 파셴 계열이며, $n=4$로 떨어지

면 블래킷 계열이 된다.

빛의 에너지가 띄엄띄엄하다는 것은 플랑크의 발견으로 알려진 것이다. 그런데 한편 가장 모형적인, 바꿔 말해서 현실감이 강한 원자 내의 전자의 에너지가 띄엄띄엄하다는 것은 현대의 물리학을 알고 있는 사람에게는 상식적인 일일지 몰라도, 극미의 세계의 불가사의함을 새삼 재검토하게 하는 큰 원동력이 되었던 것이다. 플랑크에 의해서 개막된 양자론은 닐스 보어에 의해서 보다 크게 진보하게 된다.

10. 보어가 불어넣은 새로운 바람

전자의 궤도가 보이기 시작했다

영국의 맨체스터로부터 귀국한 닐스 보어는 1912년 8월 1일 마르그레테와 결혼했다. 그녀는 수학자의 누이동생이며 아름다운 모습과 유순한 기질은 누가 보아도 보어의 신부로 어울려 보였다.

두 사람은 노르웨이로 신혼여행을 가서 여름의 피오르 풍경을 실컷 맛본 후 영국으로 발걸음을 뻗쳤다. 그러나 신혼여행 중에도 보어의 뇌리에서는 원자 구조에 관한 문제가 떠나지 않았다. 호텔에서 휴식을 취하는 사이에도 차츰 원자 모형이 완성되어 갔고, 남편의 구술을 받아 아내는 타자기를 두들겨 댔다. 보어는 맨체스터에 들러서 여행 중에 쓴 논문을 러더퍼드에게 건네주었다. 러더퍼드는 그 연구를 칭찬하면서 새로운 부부의 앞날을 마음껏 축하해 주었다.

덴마크 이론물리학자인 젊은 부부와 영국의 실험물리학자 부부의 우정은 한층 깊어졌다. 보어 부부는 다시 영국 북부의 스코틀랜드를 방문하여, 산과 조용한 호수를 바라보면서 장래의 설계를 즐겁게 이야기했다.

덴마크로 돌아온 보어는 코펜하겐에 알맞은 방을 발견하고 바로 연구에 착수했다. 코펜하겐대학에서는 그를 곧 조교수로 임명했다. 그의 취임 강연은 '열역학의 역학적 기초'라는 것이었는데, 보어는 이것에 대한 준비에도 시간을 쪼개어야 했다. 그에게는 27살 전후이던 이 무렵이 자기 자신의 연구에서 가장 바빴던 시기였을 것이다.

원자 모형의 논문을 러더퍼드에게 제출했다고는 하지만, 여전히 그것은 불완전하며 이에 대한 앞으로의 연구 과제가 쌓여 있었다. 전자가 가질 수 있는 에너지의 값은 결정되었다. 따라서 원자핵과 전자 사이의 전기인력(이른바 쿨롱의 힘)이나 회전하고 있는 전자의 원심력 등을 계산함으로써 궤도의 반지름이 확실히 결정된다. 가장 에너지가 낮은 것의 궤도반경은(이 값은 후에 명확하게 확인되었지만) 5.3×10^{-11}미터, 즉 1미터의 100억분의 1의 다시 절반 정도가 된다. 수소 원자는 전자를 한 개밖에 갖고 있지 않다는 것을 알고 있으므로, 이 원궤도가 수소 원자의 크기라고 생각해도 된다. 이 반지름은 후에 보어 반경이라고 불리게 되고, 여러 가지 원자의 크기를 나타내는 척도로서 편리한 값이다. 이보다 에너지가 큰 전자의 궤도반경은 보어 반경의 4배나 되어 버린다. 그리고 그 중간, 이를테면 보어 반경의 1.3배나 1.7배와 같은 것은 절대로 존재하지 않는다는 것이 보어의 기본적인 주장이다.

전자를 두 개 갖는 헬륨 원자에서는 두 개의 전자가 같은 궤도를 돌고 있다. 그런데 그다음의 리튬 원자가 되면, 세 번째의 전자는 그보다 에너지가 높은 궤도, 바꿔 말하면 반지름이 큰 궤도를 돌아야 한다. 이른바 원자번호(번호는 원자가 갖는 전자의 수와 같다)와 그 원자의 구조를 정밀하게 조사해 나갔다.

제일 에너지가 낮은 상태에는 2개의 전자가 수용되지만, 두 번째로 낮은 상태에는 8개의 진자가 수용된다. 2개로 만원이 되어야 할 궤도에 왜 8개가 들어갈까?

실은 이 상태에는 4개의 궤도가 있다고 생각된다. 하나는 원형(이것을 2s 궤도라고 한다)이고, 다른 3개는 타원궤도(이것들을 $2p_x$, $2p_y$, $2p_z$ 궤도라고 부른다)로 되어 있다. 이들 궤도가 전자로 만원이 된 것이 바로 10번 원소인 네온이다. 이보다 원자번호가 작은 탄소, 질소, 산소 등은 궤도의 일부가 비어 있다. 원자를 나타내는 그림으로서 중심의 핵 주위에 원궤도와 타원궤도가 그려지는 경우가 많은데, 이것은 보어의 모형을 그대로 묘사한 것이다.

이와 같이 보어는 지구와 위성, 또는 태양과 행성의 관계를 그대로 원자의 구조에 결부시켰다. 역학적인 입장에서 지극히 이치에 맞는 사고방식이며, 이것을 보어의 원자 모형이라고 부른다.

전자의 '띄엄띄엄'을 수식화

그러나 이것만으로는 전자의 에너지(또는 더 알기 쉽게 전자궤도의 크기라고 말해도 된다)가 띄엄띄엄하다는 것은 나타나지 않는다. 나타나지 않는다는 표현이 이상하다면 언급되어 있지 않다고 말하면 될 것이다.

원자핵 주위를 공전하고 있는 전자에 대한 쿨롱의 힘이나 원심력은 고전물리학으로 자세히 계산할 수 있다. 이것에 무엇인가 하나만, 전혀 새로운 조건식을 첨가함으로써 전자의 진짜 상태가 산출되는 것이 아닐까?

이 조건식으로서 전자의 각운동량(그 질량 m과 속도 v와 회전 반경 r을 곱한 mvr)을 전체 둘레(라디안 단위의 각도를 사용하고 전체 둘레는 2π가 된다)를 합산한 것은 플랑크 상수 h의 정수 배가 되어야 한다고 했다. 식으로 쓰면 n을 정수로 하여 $2\pi mvr=nh$이다. 이 새로운 식을 첨가함으로써 전자의 띄엄띄엄한 상태를 정확하게 기술할 수 있게 된다. n은 정수이며 결코 숫자가 남는 어정쩡한 수는 안 된다.

또 타원궤도의 경우에도 적용할 수 있는 식을 생각했다. 아니, 전자의 경우뿐만 아니라 더 일반적으로 극미의 세계 모두에 적용되는 식, 이를테면 단진동을 하고 있는 원자의 경우 등에도 성립하는 식으로서 앞의 식을 확장하여

(운동량을 1주기에 걸쳐서 합산한 것)

= (플랑크 상수의 정수 배)

라는 식을 확립했다. 물론 이 식은 보어가 러더퍼드와 장기간에 걸친 편지 또는 직접적인 토론을 주고받는 가운데서 발견한 것으로서 이것을 보어의(때로는 러더퍼드-보어의) 양자조건(量子條件)이라고 부른다.

플랑크는 빛의 에너지를 띄엄띄엄의 $h\nu$로 했으나, 극미의 세계에는 이 밖에도 여러 가지 띄엄띄엄이 있다. 그 여러 가지 띄엄띄엄은 양자조건을 인정함으로써 모두 해결되어 버리는 것이다. 식의 형태는 간단하지만 옛날 물리학에서는 전혀 없었던 사고방식이며, 원자나 전자의 상태를 올바르게 기술하는 데 있어서 큰 진보이다.

이 식을 바탕으로 하여 만들어진 양자론은 1910년대에 널리 물리학 속으로 보급되어 갔다. 이 식과 기존의 전자기학이나 역학을 조합함으로써 작은 대상도 안심하고 수식화할 수 있게 되었다. 따라서 이 식 자체가 바로 양자론이라고 말해도 된다.

1920년대가 되자 양자론은 밑바탕에서부터 재검토되는데, 고전물리학으로부터 진짜 양자론으로 옮겨 가는 중계 역할로서 후년, 보어가 만든 것을 전기양자론 또는 고전양자론이라고 부르게 된다. 그러나 중계 역할이라고 해서 결코 그 가치가 경감

러더퍼드-보어의 양자조건이라고 불리는 것은 고전물리학에는 전혀 없었던 사고방식이며, 원자와 전자의 상태를 올바르게 기술하는 데 있어서 커다란 진보였다

되는 것은 아니다. 전적으로 옛날식이던 물리학에 참신한 새바람을 불어넣은 보어의 공적은 충분히 평가되어야 한다. 그리고

중계 역할이 있었기 때문에 1920년대의 새로운 양자역학이(더구나 전기양자역학의 창설자인 보어의 제자들에 의해서) 만들어지게 된다.

전쟁에 휩쓸릴 운명?

보어의 업적을 먼저 말했지만 덴마크로 귀국한 후 그는 정력적으로 활동했다. 1914년 봄, 그가 29살 때 물리학자들은 그의 양자론에 눈이 휘둥그레지면서 커다란 찬성의 뜻을 보내왔다. 그리고 코펜하겐대학의 교수가 되라는 권유와 신청서를 내라는 권고를 받았다. 일본과는 달리 외국에서는 자신의 장점은 자기 스스로가 선전해야 한다. 겸양의 미덕을 발휘하고 있다가는 보석도 영원히 돌 속에 묻혀 있게 된다. 그리하여 3월 4일에 신청서가 제출되었다. 대학에서는 그때까지 없었던 이론물리학 강좌를 개설하려는 계획이 있었기에 그의 신청은 곧 수리되었다. 교수로서 새로운 강좌를 개설할 절차를 진행하고 있는 동안에 뜻밖에도 러더퍼드로부터 편지가 날아왔다.

> "이번에 다윈의 임기가 끝나게 되어 맨체스터대학에서 강사를 찾고 있습니다. 젊고 독창성이 있는 당신이 적임자라고 믿고 있습니다. 고려한 후에 결단을 내리길 기대하고 있겠습니다. 연봉은 200파운드입니다."

당시 영국에서 일반 샐러리맨의 연봉은 100 내지 150파운드 정도였다고 한다. 러더퍼드 자신은 파격적인 1,600파운드를 받고 있었지만, 젊은 보어에게 200파운드는 충분한 보수였다. 보수의 액수뿐 아니라 앞서 4개월을 함께 연구했던 러더퍼드 아래로 갈 수 있다는 것은 커다란 매력이었다. 이런 까닭으로 그는 영국행을 결심하고, 덴마크 쪽은 계약 기간의 2개년만을 비워 놓기로 했다. 코펜하겐대학에서도 이것을 이해했다.

출발할 동안 다시 원자 모형에 대해서 생각하며, 바쁜 중에도 시간을 내어 독일 괴팅겐에서 동생 하랄과 만나고, 대학에서 강연도 했다. 또 형제는 뮌헨으로 가서 강연을 마친 뒤, 전부터 즐거이 기대했던 오스트리아 알프스의 등산을 시도했다. 그 정적 속에서 잠시의 휴식을 만끽하고 있었는데, 6월 28일 갑자기 유럽에 어둠이 내렸다.

한 발의 총소리가 발칸반도 사라예보에서 울려 퍼지면서 7월, 오스트리아와 헝가리 제국이 세르비아에 대해서 선전을 포고했다. 보어는 서둘러 덴마크로 돌아왔다. 러시아는 세르비아에 가담하고, 독일은 오스트리아를 편들면서 러시아와 프랑스, 영국을 적으로 하여 유럽은 순식간에 전쟁터로 변했다. 특히 독일군은 8월 4일 벨기에 국경을 넘어서 프랑스 국내로 쏟아져 들어갔다.

덴마크에는 아직 전화(戰火)가 미치지 않았지만, 보어 부부는 이런 시기에 영국으로 무사히 건너갈 수 있을지 크게 걱정이었다. 북해의 독일 본국에 가까운 곳, 따라서 덴마크로부터도 그다지 멀지 않은 곳에 헬골란트라는 작은 섬이 있다. 그곳에는 독일의 해군 기지가 있었고, 북해 제패를 노리는 독일 함대가 잠복하고 있었다. 8월 28일 영국 구축함대는 이 군항을 급습했다. 독일 해군은 순양함 3척과 구축함 1척을 잃었다.

덴마크로서는 발밑에 불이 떨어진 것이다. 이 상태로 바다를 건너갈 수 있을까? 발트해 쪽은 항상 독일 함대의 감시를 받고, 북해 쪽에서는 영국 해군이 눈을 번득이고 있으며 독일의

U보트(잠수함)도 암약하고 있다. 중립국이라고 바다에 가라앉지 말라는 법은 없다.

보어 부부는 고민 끝에 9월 초 결단을 내려 영국행 배를 탔다. 다행히 헬골란트 해전 이래 북해는 소강상태였다. 그래도 혹시 모를 사태를 대비해서 배는 크게 우회했고 간신히 영국에 도달할 수 있었다. 북해 북부는 안개와 폭풍우, 유빙이 유명했기 때문에 사나운 파도에 시달려 도무지 살아 있는 것 같지 않은 항해였다.

보어는 2차 세계대전 중에도 목숨을 걸고 영국으로 건너갔었다. 전쟁에 휩쓸린 숙명적인 운명이었다고 말하면 그뿐이지만, 이것은 작은 나라의 국민들이 지니는 비극이었는지도 모른다.

11. 요절한 모즐리의 ‘발견’

26살에 발견한 모즐리의 법칙

1914년 초가을, 전란을 뚫고 맨체스터에 도착한 보어 부부는 이곳 대학의 연구자들로부터 무사함을 축하받으면서 따뜻하게 맞이되었다. 다만 이때 스승인 러더퍼드는 마침 오스트레일리아 멜버른에서 열린 학회에 출장 중이었고, 고향인 뉴질랜드를 방문 중이었다. 이때는 젊은 물리학자 모즐리(1887~1915)도 그와 동행하고 있었다. 전쟁이 일어나기 전에 남반구로 건너간 그들의 귀국이 몹시 염려되고 있었으나, 이 전쟁은 1914년 후반에 접어들자 육군은 프랑스의 참호전에서 교착상태에 빠져 있었고 해상에서도 그다지 큰 파란이라고는 없었다. 그 때문에 대서양을 건너서 모즐리가 먼저 돌아오고, 이어서 러더퍼드도 영국으로 돌아올 수 있었다. 맨체스터 학자들은 안도의 가슴을 쓸어내리면서 다시 원자 구조의 연구를 시작했다. 독일의 잠수함이 무차별 공격을 선언하고 나선 것은 이보다 후의 일이었다.

모즐리는 연구에 무척 열성적인 실험가로서 물질에 음극선(전자의 흐름)을 충돌시켜 그 물질로부터 나오는 X선의 파장을 자세히 조사했다. 그는 오스트레일리아로 출장 가기 전해인 1913년에 이미 모즐리의 법칙을 발견하고 있었다. 원소로부터 방출되는 X선의 파장은 원자번호의 제곱에 비례한다는 그의 주장은 귀국 후 러더퍼드와 보어와 토론하던 과정에서 훌륭히 정리되었다. 원자가 음극선의 충돌을 받게 되면 에너지가 낮은 전자(보어의 이론에 의한 n=1이나 n=2 등의 상태에 있는 전자)는 에너지가 높은 상태로 올라간다. 낮은 상태는 빈집이 된다. 그 빈집을 향해서 에너지가 높은 전자가 '탕' 하고 떨어진다. 이때의 '탕'은 에너지의 차가 크기 때문에 그 보존법칙에 의해서 큰 값인

$h\nu$가 튀어나오게 된다. 이 $h\nu$는 빛보다 에너지가 크고 X선이 된다. 진동수(ν)가 크다는 것은 파장이 짧다는 것으로서, 가시광선이나 자외선보다 훨씬 파장이 짧은 X선이 되는 것이다. 또 이 X선을 자세히 조사함으로써 그 원자에는 몇 개의 전자가 있는가를 추정할 수 있다.

원자의 해명은 물론 많은 과학자에 의해서 이루어졌지만, 그 중에서 대표로서는 결국 다음의 세 사람을 드는 것이 적당할 것이다.

(1) 러더퍼드에 의해서 원자는 중심에 작은 원자핵이 있고, 그 주위를 전자가 돌고 있다는 것이 밝혀졌다.

(2) 보어는 전자가 무질서하게 움직이고 있는 것이 아니라, 그 에너지가 한정적(띄엄띄엄한 값을 갖는 것)이라는 것을 주장했다. 모형적으로 말하면 전자의 공전 궤도반경은 규칙적으로 결정되어 있고, 어정쩡한 궤도는 절대로 존재하지 않는 것이다.

(3) 모즐리는 다시 수많은 원소를 생각하고, 원자번호와 더불어 전자의 개수가 증가하고, 원자번호가 증가하면 에너지가 높은(따라서 궤도반경이 큰) 상태도 전자에 의해서 차지된다는 것을 발견했다.

또 모즐리는 원자번호가 하나씩 증가함에 따라서 중심에 있는 원자핵의 양전하 값도 하나씩 증가한다고 보고했다.

이들 결과로부터 보어는 원자핵의 양전하 수가 주위의 전자의 수와 같다고 가정하고 1에서부터 92까지의 수의 원자가 존재한다고 주장했던 것이다.

다르다넬스 해협에서 전사

현재는 이러한 사항이 이미 화학이나 물리학에서의 상식이 되어 있지만, 과학자들 사이에서 처음으로 밝혀진 것은 1910년대 전반이었다. 바꿔 말하면, 그 이전에 여러 가지 원소와 화합물이 알려지고 화학반응과 그 밖의 일들이 충분히 조사되어 공업적으로 이용되고 있었지만, 그 '근원'이 되는 원자에 대한 상세한 지식이라고는 전혀 없었다. 이를테면 전기분해에 의하면 물은 수소와 산소가 화합한 것이고, 또 연소라는 사실에 입각해서 이산화탄소는 탄소와 산소의 화합물이라는 것, 암모니아 화합물이나 나트륨 화합물 또는 유기물질의 제조와 반응 등, 인간은 이미 화학변화에 대해서 방대한 지식과 데이터를 갖고 있었다. 그럼에도 불구하고 그 최소 단위인 수소 원자나 산소 원자 등이 어떤 구조를 갖고 있는지에 대해서는 1차 세계대전 직전까지도 알지 못하고 있었다.

보어의 원자 모형과 모즐리에 의한 원소의 정체 등이 제안되어 원자의 진상이 급속도로 해명되어 갔다. 그 무게에 따라 1번을 수소, 92번을 우라늄으로 하는 것이 지당하다. 그렇다면 42, 43, 72, 73번의 원소가 각각 아직껏 없다는 사실이 모즐리에 의해서 지적되었다. 얼마 후 이것들이 발견되어 각각 몰리브데넘(Mo), 테크네튬(Tc), 하프늄(Hf), 탄탈럼(Ta)이라는 것을 알았다. 모즐리는 이와 같이 과학사에 길이 남을 업적을 이룩했지만, 뛰어난 애국자이기도 했다. 그는 러더퍼드 등이 한사코 말리는 것도 듣지 않고 영국 공병대에 지원하여 통신장교가 되어 일선으로 출동했다. 1차 세계대전에서 터키는 독일 쪽에 가담하고 있었는데, 1915년 여름 프랑스 전선이 교착상태에 빠

모즐리는 러더퍼드와 보어가 말리는 것을 듣지 않고 영국 공병대에 지원했다. 결국 전사하게 되는데, 그의 죽음이 관계자들에게 준 충격은 매우 컸다

져 있는 것을 타개하려고, 영국군은 흑해 입구에 있는 다르다넬스 해협에서 적의 배후를 찌르는 상륙작전을 감행했다. 그러나 이때 예상 밖의 반격을 받아 모즐리는 여기서 전사했다. 불과 27년의 생애였다. 후에 보어는 이 일을 회상하면서

"다르다넬스 전투에서의 모즐리의 죽음은 더없는 큰 충격이었다. 온 세계의 과학자가 그의 죽음을 애석하게 생각했지만, 특히 그를 후방 안전지역에서 근무하도록 한 러더퍼드의 낙담은 말할 수 없이 컸다"

고 말했고, 또 러더퍼드 자신도

"그의 업적에 대한 가치는 멘델레예프의 원소 주기율 작성에 못지않은 것이다"

라고 개탄했다고 한다. 러더퍼드는 1908년 노벨 화학상을, 보어는 1922년 노벨 물리학상을 받았지만 전사한 모즐리는 노벨상을 받지 못했다(노벨상은 생존자에게만 주어진다).

Why가 아니라 How를 추구

그런데 양자론이라는 입장에서 당시의 연구를 돌이켜 보기로 하자. 러더퍼드와 모즐리는 원자의 해명에서는 훌륭한 업적을 세웠지만 '띄엄띄엄의 개념'을 도입한 것은 보어이다. 이 띄엄띄엄을 기초로 하여 수소 원자를 비롯한 많은 원자의 구조가 판명되었다. 이런 의미에서 보어야말로 양자론의 건설자라고 해도 결코 지나친 말이 아니다. 그의 사상 가운데는 과학사상에 있어서의 혁명이 있다.

여기서 독자 여러분은 다음과 같은 기본적인 의문을 품게 될지 모른다. '확실히 보어의 발견은 위대하다. 위대하기는 하지만……. 그렇다면 왜 빛의 에너지나 원자 내 전자의 에너지가 띄엄띄엄한가? 왜 연속이 아닌 불연속이어야만 하는가?'라고 말이다.

이것은 곤란한 질문이다. 물리학이란 무엇인가, 자연과학이란 어떤 것을 연구하는 것인가 하는 기본적인 문제와 관계된다.

이 의문에 대한 대답을 단적으로 한마디로 말한다면 다음과 같다.

"자연과학이라는 것은 왜(Why)를 가르치는 것이 아니라, 자연계는 어떻게(How) 되어 있는가를 조사하는 학문이다."

만약, 왜 띄엄띄엄 에너지밖에 존재하지 않느냐고 묻는다면 더욱 소박하게, 물이나 공기나 또는 쇠나, 어쨌든 물질은 왜 최소적인 요소까지 연속적으로 같은 성질이면 안 되는가, 왜 작게 분할해 나가면 분자라는 것이 있고 다시 원자 또는 원자핵과 전자라고 하듯이 기묘한 것에 다다르게 되는가, 물은 아무리 작게 분할해도 어디까지나 물이고, 쇠는 철두철미 쇠이면 왜 안 되는가…… 하는 의문과 같다.

왜 분자나 원자가 이 세상에 존재하느냐고 말한들 어쩔 도리가 없다. 신이 그렇게 만드셨다고 대답할 수밖에 없을 것이다. 기본적인 의문은 이것 말고도 있다. 왜 우리가 사는 공간은 3차원인가? 2차원이나 4차원이어도 되지 않는가? 그리고 시간이라는 것은 왜 1차원적으로밖에는 경과하지 않는가? 시간이 2차원적 또는 3차원적으로 확대되어 있어도 되지 않는가?

더욱 가까운 예로는, 인간은(아니, 동물 일반은) 왜 남성과 여성으로 나뉘어 있는가? 세 종류의 다른 성(性) A, B, C로 성립되어도 상관이 없지 않은가? 또는 네 종류 정도라면 더욱 시끌시끌하고 즐겁지 않겠는가? 연애소설은 남녀의 사랑을 쓰고 있는데 성이 세 종류였더라면 좀 더 변화도 풍부하고 소설의 소재도 지금보다 훨씬 풍부해질 것이다…….

더욱 기본적인 문제를 생각한다면, 수십억 년 전에 '왜' 빅뱅(대폭발) 같은 현상이 있어서 우주가 생성되었을까? 그것이 없었더라면 우주도 없을 것이고, 물론 인간도 나타나지 않았을 것이다. 빅뱅만 없었더라면 현재의 자신이라는 것도 없을 터이므로, 매일 시험공부에 쫓기고 바쁜 일에 시달릴 것도 없다. 또는 빅뱅이 있었기 때문에 이 세상에서 삶을 누리면서 즐거운 생활을 보낼 수가 있다……. 이렇게 그 어느 쪽을 생각할지는 사람에 따라서 각각이겠지만, 어쨌든 여기서 '왜'라고 한들 어쩔 도리가 없을 것이다. 우리는 있는 그대로의 자연을 순순히 받아들여야 한다. 자연계의 구조, 나아가서는 빅뱅의 과정 등을 깊이 캐고 볼 필요는 있지만, 왜냐고 질문하는 것은 이미 자연과학의 권외에 있다. 이와 마찬가지로 물질에 왜 최소 요소가 있는가, 에너지는 왜 연속적이지 않은가 하고 질문해도 대답하기 곤란하다. 자연은 그렇게 되어 있는 것이라고밖에 대답할 방법이 없다.

띄엄띄엄하다면 어떤 상태로 띄엄띄엄한가를 확실히 해야 한다. 물질에 최소 요소가 있는 것이라면, 그것이 어떤 것인가를 끝까지 추구해 나가고 싶다. 자연과학은 어디까지나 자연계의 현상을 인정하고, 그것에 대한 구조(How)를 연구하는 것이다. 그렇기 때문에 관측된 실험 사실을 귀중한 법칙으로 삼아야 한다.

사실 선행형과 이론 선행형

물론 자연과학에도 추정이라는 것이 있다. 그러나 그 추정도 설사 간접적일지언정 실험 사실에 의해서 뒷받침되는 것을 전제로 해야 한다. 단순한 상상이나 공상으로 그쳐 버리는 것은 과학으로서 채택할 수가 없다.

물리학의 경우 기묘한 현상을 볼 수 있게 된 뒤에야 이들에 대한 이론을 부여하게 되는 경우가 많았다. 양자론 등은 그것의 전형일 것이다. 흑체복사나 원자로부터 나오는 빛의 스펙트럼 등을 설명하는 데 있어, 낡은 사고방식을 버리고 보어가 말했듯이 "운동량을 1사이클 끌어모은 것은 플랑크 상수의 정수배여야만 한다"라는 명제는 훌륭하게 자연현상을 설명해 주고 있다.

이것에 반해서 아인슈타인의 특수상대론이나 일반상대론은 이론이 선행했다. 이런 기묘한 이치가 있을까 하고 생각한 사람도 많았지만, 달려가는 뮤 입자가 본래의 수명보다 몇 배나 더 계속해서 살아갈 수 있다는 것이나, 수성의 궤도 변화, 태양으로부터의 빛의 굴절이나, 핵분열 때의 방출 에너지 등으로부터 이론이 자연계를 올바르게 표현하고 있다는 사실이 실증된 것이다.

12. 이읏고 원자폭탄 제조를 계획

보어의 제안, 지지를 받다

보어의 이론(이것을 보통 보어의 양자조건이라고 부른다)은 원자 스펙트럼을 비롯하여 그 밖의 많은 물리현상을 설명하기 위해서 태어난 것이지만, 그의 이론을 좀더 직접적으로 시험해 보려고 한 두 사람의 물리학자가 있었다. 이들은 모두 함부르크 출신 물리학자로 J. 플랑크(1882~1964, 후에 미국으로 귀화)와 전파로 유명한 H. R. 헤르츠의 조카인 G. L. 헤르츠(1887~1975)이다. 그들은 1913년 이래 그때까지에도 많이 행해지고 있던 '관 속의 전류를 측정하는' 보편적인 실험에 의해서 보어의 제언을 보다 강력히 지지하려 했다.

관 한쪽 구석에 전자가 튀어 나올 수 있는 백열금속(이것을 필라멘트라고 한다)을 둔다. 그 앞쪽에 쇠 그물 모양의 금속을 설치하고 이것의 전압을 자유로이 조정할 수 있게 둔다. 3극 진공관의 그리드에 해당하는 것이다. 다시 쇠 그물 앞쪽에 쇠 그물을 통과해서 달려오는 전자를 모으고 여기에 전류계를 둔다. 보통 이와 같은 장치에서는 쇠 그물의 전압이 바뀌면 공간을 흐르는 전류(정확하게 말하면 쇠 그물을 겨냥하여 달려가는 전자의 속도)가 어떻게 변화하는가를 조사하는 것인데, 그들은 다른 현상에 눈을 돌렸다.

관 속의 공기를 빼고 그들은 수은의 증기를 넣었다. 물론 시료는 수은이 아니라도 상관없지만 그것이 실험에 가장 적합했을 것이다. 그런데 수은 원자(그 밖의 어떤 원자에서도 같지만) 속 전자의 에너지는 띄엄띄엄할 것이다. 일일이 전자라고 미리 양해를 얻는 것은 번거로우므로 수은 원자의 에너지는 띄엄띄엄한 것이라고 설명하기로 하자. 가장 에너지가 낮은 상태를 '소'

로 적고, 그다음으로 에너지가 낮은 상태를 '대'로 한다. '소'와 '대'의 중간값은 없다.

그런데 이 장치로 쇠 그물의 전압을 서서히 높여 가면 당연히 필라멘트로부터 튀어 나가는 전자는 세력이 증대한다. 바꿔 말하면 전자의 속도, 즉 전자의 운동 에너지가 커진다. 그물 앞쪽에 있는 전류계의 눈금은 차츰 큰 쪽으로 진동해 간다.

그런데 쇠 그물의 전압이 4.9볼트쯤 되면 전류가 급격히 작아지는 것이다. 이것은 무엇을 의미하는 것일까?

수은 원자의 에너지 차, 즉 '소'-'대'의 값이 전자의 4.9볼트에 해당(이것을 4.9전자볼트라고 한다. eV)한다는 것을 말하고 있다. 원자이든, 또는 원자의 집합체인 고체와 같은 것이든, 자기 자신이 가질 수 있는 에너지가 띄엄띄엄할 때 그 차이와 같은 에너지는 고맙게 받아들이지만 어정쩡한 것은 받아들이지 않는다. 아니, 받지를 못하는 것이다. 25㎝의 발을 가진 사람에게 23㎝나 26㎝의 신발을 준들 거절을 당하는 것과 같다고 생각하면 된다. 26㎝ 크기의 신발일 경우, 25㎝만 받아들이고 나머지 1㎝는 되돌려 준다는 것 같은 못난 짓은 하지 않는다.

어쨌든 대상물의 에너지 차와 같은 것만을 흡수하고 그 이외는 통과시켜 버리는 '선별'이 자연계에는 있으며, 이 원리를 응용하여 물리 실험은 그 후 여러 분야에서 크게 발전하게 되는데, 그들의 실험은 이것의 선구자 격이라고 할 수 있다.

또 쇠 그물의 전압을 증가시키면 일단 감소한 전류는 다시 증가하지만, 9볼트인 곳에서 급격히 내려간다. 이것은 한번 수은 원자에 에너지를 공급했던 전자가 두 번째로 다시 원자에 에너지를 빼앗겼다는 것을 의미한다. 더욱 전압을 높이면 14볼

플랑크, 헤르츠의 실험에 의해서 보어의 원자상태가 확인되었다. 이 실험으로 플랑크와 헤르츠는 노벨 물리학상을 받았다

트에서 다시 전류의 맹렬한 감소를 볼 수 있다. 이것은 마침 '대'-'소'의 세 번째 몫에 해당한다.

이 실험은 수은 원자에서는 제일 낮은 상태로부터 4.9볼트까지 에너지가 뛰어 있다는(즉 연속이 아닌) 것을 확실히 보여 주는 증거이다. 실험 자체는 고전전자기학의 3극 진공관의 그것과 같지만, 이로 인해 보어의 원자상태가 확인되었다는 의미에서 이 아이디어는 크게 평가되었다. 이것을 플랑크-헤르츠의 실험이라고 하며, 두 사람은 1925년 「원자에 대한 전자 충돌에 관한 법칙의 발견」이라는 업적으로 노벨 물리학상을 받게 된다.

이론물리학의 작은 연구소

닐스 보어의 제언은 이렇게 하여 확고부동한 것이 되었는데, 이후 그의 발자취를 더듬어 보기로 하자. 맨체스터에서 임기가 끝나는 1916년, 영국은 전시의 색조가 짙어지고 있었다. 그해에 있던 독일군의 베르됭 요새 공격은 처절한 것이었지만 결국은 좌절되었다. 대학 연구실에서도 잠수함 발견 장치를 개발하는 작업이 실시되고 있었다. 보어의 귀국에 즈음하여 맨체스터에서의 연구 논문 등이 도중에서 독일군의 검열에 걸려도 진행할 수 있도록, 순수히 학문적인 것이라는 증명서를 스승인 러더퍼드가 첨부해 주었다. 그리고 보어 부부가 탄 덴마크선은 어쨌든 중립국의 것이라고 하여 무사히 코펜하겐에 도착할 수 있었다.

귀국 후에도 보어는 원자 모형의 연구에 몰두했다. 전자의 궤도는 원 이외에도 타원이 있다는 것을 명확히 제시한 것은 이 무렵이다. 독일의 물리학자 조머펠트(1868~1951)도 같은 타원궤도를 생각했는데 그 논문은 국경을 넘어 중립국에 있는 보어에게 보내졌다.

그런데 영국으로부터 덴마크로의 서신 왕래는 자유로웠으나 논문은 보낼 수가 없었다. 인쇄물이 국경을 통해서 독일로 들어가는 것을 두려워한 영국은 논문 배송을 우체국에서 거부하고 있었다. 이 때문에 1차 세계대전 말기의 보어는 영국의 상황보다 독일에서의 연구를 더 깊이 알게 되었다.

1917년 1월에 독일은 잠수함에 의한 무차별 공격을 선언했고, 같은 해 4월 6일 미국은 독일에 대해서 선전을 포고했다. 보어는 어쨌든 중립국이라고 해서 자신이 목표하는 연구를 할 수 있었으나, 러더퍼드는 자기 나라가 전쟁에 휩쓸려 들었기 때문에 발명연구회의의 의원 등으로 임명되고, 프랑스와 미국으로 건너가서 군사 연구의 상담역도 해야 했다. 그러나 이 두 사람 사이에 교환되는 원자 구조에 관한 서신은 끊이는 일이 없었다.

귀국한 지 얼마 안 된 1916년, 보어는 코펜하겐대학의 이론물리학 강좌를 맡았다. 그는 이것이 학생을 위한 교육으로서뿐만 아니라 연구기관으로서의 기능도 갖게 했으면 하고 생각하고 있었다. 보어의 강의의 청강생은 처음에는 열 사람도 안 되는 대학원 학생들이었지만, 내용이 양자론에 미치게 됨에 따라서 차츰 수강자가 늘어났다. 영국제 검은 복장의 이 위엄 있는 교수는 칠판에 그래프와 그림을 그리면서 힘차게 설명했다. 그리하여 1917년에 그는 대학 당국에 대해서 이론물리학의 작은 연구소를 설치해 줄 것을 신청했다.

보어와 아인슈타인의 논쟁

1918년에 유럽을 혼란의 소용돌이로 휩쓸었던 1차 세계대전이 종결되었다. 대학은 보어의 제언을 바로 허가했다. 연구소가 세워질 땅은 코펜하겐시가 기부했다. 건물은 많은 사람들의 기부를 받았는데 그중에서도 그의 옛 친구는 4,500파운드를 기꺼이 내놓았다. 달러로 환산하여 2만 달러, 실험 기구를 사기에는 부족하지만 이론물리학 연구소에는 적당한 액수였을 것이다. 개소식은 1921년 1월 18일이었는데, 보어의 결단, 대학 당국의 허용성, 게다가 후원자의 자선이 어울려서 그 후 양자론의 비약적인 발전을 촉진시켰다고 말해도 될 것이다.

물론 보어가 덴마크에 물리학 연구소를 세우기로 생각한 데는 그 나름의 이유가 있었다. 맨체스터대학은 실험 설비도 갖춰져 있고 연구 기반도 있었지만, 전쟁 중에 정부로부터 얼마나 많은 군사 연구를 요청받고 있었던가를 뼈저리게 느끼고 있었다. 프랑스는 자기 나라가 전쟁터가 되었기 때문에 더욱 심했다. 하물며 패전국 독일에서는 황폐와 배상금으로 연구소가 문제가 아니었다.

사실 같은 조건이라면 스위스든지 스웨덴이든지 어디라도 상관은 없었겠지만, 조국에 대한 사랑이 강한 보어는 물리학 연구소를 덴마크에 갖고 싶다는 소망이 강했고, 그 결과 1920년대에 코펜하겐에 이론물리학, 특히 양자론이 꽃피게 된다.

초대 소장에 임명된 보어는 여기에 온 세계로부터 일류 물리학자를 끌어모으게 된다. 세계대전 후 영국, 미국 등을 방문하고 각지에서 강연회를 개최하여 근대물리학, 특히 양자론의 계몽에 힘쓰는 동시에 젊은 학자에 대한 지도적 역할도 수행하는데, 1927년 9월 이탈리아 코모에서 열린 회의에서의 '양자 가정과 원자론의 최근의 발달'이라는 제목의 강연과 같은 해 10월 제5회 솔베이 회의에서의 '전자와 광자' 이야기가 유명하다. 그러나 1930년 제6회 솔베이회의에서는 양자론의 기본적 견해에서 아인슈타인과 의견 차이가 두드러져서 양자 사이에 논쟁이 벌어지게 된다.

핵분열의 엄청난 에너지

1937년, 보어 부부는 세계 일주 여행에 나섰고 그때 일본에도 들렀다. 일본의 학자들은 물론 물리학에 다소라도 관심을 갖는 사람들은 모조리 나서서 환영했는데, 한편에서 이 극동의 작은 나라는 군사 국가로 성장하여 이해에 중일전쟁의 수렁 속으로 빠져들게 된다. 또한 이해 10월 19일에는 러더퍼드가 병으로 사망했다.

1938년에 독일의 한과 슈트라스만이 원자핵분열의 실험에 성공했다. 그러나 이 발견은 비밀에 부쳐지고 협동 연구자인 마이트너 외에 극히 소수의 사람들만이 알고 있었다.

보어와 그 밖의 물리학자 생각과는 반대로, 사태는 원자폭탄 제조로 진행되어 갔다. 1945년 마침내 일본에 두 발의 핵폭탄이 투하된다

독일 나치의 유태인 탄압 때문에 화학자 마이트너는 스웨덴으로 피난했으나 그녀의 조카인 프리슈는 코펜하겐에 살고 있었다. 스톡홀름에서 마이트너는 조카를 불러들여 며칠 후에 다가올 크리스마스를 어떻게 보낼지 상의했다. 그때 그녀는 한에게서 온 편지를 조카에게 보였다. 조카인 프리슈도 화학자였기에 한의 편지를 보고 경탄했다.

"한의 실험이 너무 당돌하기 때문에 나는 처음에는 자기 눈을 의심했다. 그리고 이 실험은 잘못된 것이 아닐까 하고 생각했었다."

그는 이렇게 회상하고 있다. 마이트너와 프리슈는 곧 연필을 들고 계산해 보았다. 잘못된 것이 아니었다. 핵분열에 의해서 엄청나게 큰 에너지가 튀어 나오게 된다.

프리슈는 허둥지둥 코펜하겐으로 돌아와서 친한 보어에게 뛰어갔다. 보어는 마침 프린스턴 고등연구소에서 수개월을 보낼 계획으로, 아들을 데리고 미국으로 출발하기 직전이었다. 핵분열에 관한 이야기를 들은 보어는 놀라며 프린스턴으로 건너가서 곧 아인슈타인에게 이 사실을 전했다. 아인슈타인은 독일 나치가 폭탄을 완성할 가능성이 있다고 루스벨트에게 편지를 보냈다. 물리학의 제1인자로부터의 호소를 듣고 루스벨트는 맨해튼 계획(원자폭탄 제조 계획)을 명령하게 된다.

보어는 만약 핵분열 반응이 병기로 사용되게 된다면 이만큼 정확한 일은 없을 것이라고 생각했다. 그는 1939년에 물리학자 웰러와 더불어 핵분열을 예언하는 논문을 써서 우라늄 협회에 제출했다.

그러나 현실은 보어의 마음과는 정반대로 원자폭탄 제조로 나아가, 6년 후 두 개의 핵폭탄이 일본 상공에서 작렬하게 된다.

13. 코펜하겐으로 모여드는 영 파워

서서히 열리는 신비의 문

양자론을 길러 낸 어버이라고 할 보어는 2차 세계대전이 일어나기 조금 전에 원자핵분열의 소식을 가지고 미국으로 건너갔는데 그 이야기는 뒤로 미루기로 하고, 여기서는 시대를 1920년대로 되돌려 코펜하겐에서 꽃핀 양자역학을 살펴보기로 하자.

1921년에 세운 이론물리학 연구소의 완성과 더불어 그 연구소의 소장으로 취임한 보어는, 우선 연구소는 우수한 인재를 모아야 한다고 생각했다. 다행히 이론물리학에는 그다지 값비싼 기계류가 필요하지 않다. 보어 자신은 물론 탁월한 연구자이다. 그러나 그의 목표, 아니 이 연구소의 주된 과제는 양자론이다. 이 학문의 연구 방법은 같은 시기에 꽃핀 상대성이론과는 전혀 다른 노력이 필요하다는 것을 보어는 충분히 알고 있었다.

상대성이론은 시간이나 공간의 물리적인 기본을 고쳐 생각한 학문이다. 수식 자체는 비유클리드 기하학을 전개한 것으로서 굳이 협동 작업을 필요로 하지 않는다. 사고의 변혁이야말로 키포인트이며, 이 같은 학문은 오히려 한 사람의 천재 학자에 의해서 이루어지는 것이 걸맞다. 물론 아인슈타인은 많은 수학자와 물리학자 또는 사상가들로부터 암시를 받고 있지만, 그 이론은 전적으로 그 한 사람에 의해서 확립된 것이라고 단언할 수 있다.

그러나 양자론이 되면 이야기가 달라진다. 확실히 전기양자역학은 보어에 의해서 정확한 결과가 나오기는 했지만, 이것이 극미의 세계를 완전하게 설명하는 것이라고는 그 자신도 생각하지 않았다. 오히려 양자론은 보어에 의해서 '입구'가 트였을 뿐이고, 그 이후의 물리학은 더욱 마이크로한 현상을 기술하는 수학적 방법이 다방면으로 검토되어 가야 한다. 수많은 우수한 두뇌가 서로 겨루고 서로 보충해 나감으로써 신비의 문이 서서히 열려 갈 것이다. 양자론에 대한 보어의 이러한 생각은 정말로 탁월한 것이며, 또 연구소의 개설과 더불어 젊은 인재를 모으고, 스스로 지도적 역할을 자처해 나선 그의 실행력은 물리학의 발전에 크게 공헌하게 된다.

연구소의 개설에 전후하여 그는 스승이라고 할 수 있는 러더퍼드와 뮌헨대학의 이론물리학자 조머펠트(1868~1951)에게 의뢰하여 카를스베르크 재단으로부터 기금을 희사받고, 그 자신도 베를린과 그 밖의 유럽 각지를 강연하고 다니면서 얻은 사례금 등을 합쳐서 연구소의 경제적 기반을 확보했다.

1921년 1월 18일의 개소식과 거의 때를 같이하여 플랑크-헤르츠의 실험으로 알려진 플랑크가 독일의 괴팅겐으로부터 찾아왔다. 이어서 후에 한과 더불어 원자핵분열의 연구에 종사하게 될 화학자 마이트너도 객원교수로 초빙되었다. 또 1차 세계대전 중 네덜란드로부터 덴마크로 이주해 온 이론물리학자 크라머스(1894~1952)와 맨체스터 시절의 친구이던 헝가리의 물리화학자 헤베시(1885~1966)도 보어에게로 달려왔다.

보어도 적극적으로 독일과 영국으로 건너가서 베를린, 괴팅겐, 옥스퍼드대학 등으로부터 젊은 연구자들을 끌어모으는 데 힘을 쏟았다.

1922년도의 노벨 물리학상은 보어는 물론, 코펜하겐 이론물리학 연구소에게도 크게 축복받은 일이었다.

"작년도(1921)의 수상자인 천재 학자 아인슈타인에 이어서 이번에 제가 상을 받게 된 것은 정말로 영광스러운 일입니다"

하고 보어는 조용히 말했다. 상대론의 아인슈타인을 이은 학자,

더구나 터무니없이 작은 현상을 획기적인 방법으로 조사하고 있는 연구자로서 보어의 이름은 전문가가 아닌 사람들에게도 널리 알려지게 되었다.

니시나 박사의 큰 공적

1921년 가을, 보어는 괴팅겐대학의 초빙을 받아 강의를 했다. 그때 보어와 절친한 조머펠트는 뮌헨대학에서 이론물리학을 공부하고 있던 두 학생을 소개했다. 하이젠베르크(1901~1976, 당시 19세)와 스위스 출신의 파울리(1900~1958, 당시 21세)이다. 하이젠베르크는 보어가 강연하던 도중에 일어서서, 보어가 내린 결론에는 틀린 것이 있다고 지적하고 자신의 견해를 말했다고 전해지고 있다. 보어는 이 일로 오히려 이 청년에게 호감을 가져 파울리와 함께 코펜하겐에 와서 공부하지 않겠느냐고 권했다. 결국 파울리는 그해, 하이젠베르크는 3년 후인 1924년에 보어 밑에서 유학을 하게 된다.

이 두 학생은 보어와 만난 4~5년 후에는 양자역학 창설의 가장 주요한 멤버가 된다. 젊은이의 재능을 인정한 조머펠트의 눈이 예리했는지, 그들을 불러들인 보어가 혜안이었는지, 또는 코펜하겐에서의 보어의 지도가 좋았던 것인지는 몰라도, 어쨌든 20세 전후의 학생과 연구소 소장의 운명적인 만남이었던 것만은 확실하다.

또 이보다 조금 뒤늦게 영국의 물리학자 디랙(1902~1984)도 1년간을 보어 밑에서 연구하고 있었다. 그는 후에 양자역학을 솜씨 좋게 정리하여 그 수학적 방법으로부터 반전자(反電子)의 존재를 예언하게 된다.

이리하여 1920년대 코펜하겐의 이론물리학 연구소는 영 파워(Young Power)로 넘쳐흐르고 있었다. 현재의 제도로 말하면 대학의 석사 과정이나 박사 과정에 해당할 나이들로서, 그들의 에너지가 양자역학을 만들었다고 해도 과언이 아니다.

인물을 소개하는 김에 좀 더 양자론의 발전에 공헌한 사람들에 대해서 언급하기로 하자. 페르미(1901~1954)는 이탈리아 인으로서 코펜하겐과 직접적인 관계는 없지만, 디랙과 그 밖의 젊은 학도(당시는)들과는 같은 나이의 학도로 양자역학에서부터 소립자론(素粒子論)의 연구에 힘썼고, 후에는 고국에서 쫓겨나 미국으로 건너가게 된다.

또 한 사람, 양자역학의 발전에 빼놓을 수 없는 사람이 오스트리아의 슈뢰딩거(1887~1961)이다. 그는 이른바 젊은 연구자들보다는 열 살 남짓 연장자이지만, 1920년대 취리히대학의 교수로서 하이젠베르크 등과는 약간 색깔이 다른 양자역학을 탄생시킨다. 현재에 사용되고 있는(또는 실용화되어 있다고나 할까) 양자역학은 그에 의해서 만들어진 것이 많다.

어쨌든 양자역학은 슈뢰딩거처럼 떨어진 곳에서의 연구도 있기는 했지만, 코펜하겐이 그 중심지라고 해도 될 만하다. 수많은 물리학자가 여기에 모였고 다시 세계 각지로 흩어져 나갔다. 이리하여 양자역학은 국제적인 연구소로 성장했다. 일본에서는 니시나(1890~1951) 박사가 1923~1928년의 전성기에 코펜하겐으로 유학하여 스웨덴의 클라인과 공동 연구로 클라인-니시나의 식이라고 불리는 것을 제창했다. 학술의 중심지로부터 멀리 떨어져 있던 일본의 물리학계에도 이 기묘한 양자론 또는 양자역학이 꽤 이른 시기에, 더구나 별로 저항도 없이 받아들여졌던 것은 니시나 박사의 공적이라 할 수 있을 것이다. 그 후 일본의 물리학은 특히 이론 면에서 다른 여러 나라들과 발맞추어 발전해 나간다.

보어 이론의 불완전한 부분

보어에 의해서 제창된 양자조건에 따르면, 일단 마이크로 현상은 설명이 가능하기는 하지만 그렇다고 하여 결코 완전한 것이 못 된다는 사실은 일찍부터 지적되고 있었다. 전기양자역학의 가장 난처한 예를 들면 다음과 같다.

원자라는 것은 원자핵 주위를 전자가 원운동 또는 타원운동을 하고 있는 것이라는 것이 그때의 정설이었다. 태양 주위를 지구와 그 밖의 행성이 공전하고 있는 것과 같은 사고방식을 취해 왔다. 행성은 반영구적으로 계속해서 돌아가므로 원자 내 전자도 마찬가지로 한정된 궤도를 계속하여 회전한다고 단순하게 생각해서는 안 된다. 전기를 가진 입자는 같은 궤도를 계속하여 회전할 수는 없는 것이다. 이것은 양자론이 나타나기 훨씬 이전의 전자기학(이것을 고전전자기학이라고 하며, 중학교나 고등학교에서 배우는 물리학은 대부분 고전이다)에서 입증되어 있다.

다른 예를 들어 생각해 보자. 공중에 높이 쳐진 철탑 사이의 전선에 우, 좌, 우, 좌로 번갈아 가면서 전류를 흘렸다고 하자. 마이크로적으로 말하면 전선 속을 전자가 전류와는 반대 방향으로 움직이는 것에 해당한다. 이때 전파(정확하게 말하면 전자기파)가 나간다. 전선으로부터 빛의 속도로 계속해서 에너지가 나가는 것이다.

전선 속을 전류가 같은 크기, 같은 방향으로 흐르고 있는 한,

원자핵 주위의 전자는 전자기파를 방출하여 운동 에너지를 상실하고, 중심의 원자핵으로 흡입되어 이윽고 충돌해 버릴 것이다

그 주위는 오른나사의 법칙에 의해서 자기장이 형성되지만 전파가 나가는 일은 없다. 전류의 크기가 변화하기 때문에 전파라는 형태로 에너지가 나가는 것이 된다. 전파의 발신소는 당연히 전원을 갖고 있기 때문에 복사된 에너지는 연달아 보충해 주면 된다.

음전기를 가진 전자나 양전기를 띤 양성자 등에 대해서도 마찬가지 일을 말할 수 있다. 전자가 등속 직선운동을 할 뿐이라면 에너지는 감소되지 않는다. 그러나 속도가 바뀌면, 물리적인 말로는 가속(물론 감속도 포함하여)하면 에너지를 공간으로 방출해 버리는 것이다.

등속 원운동은 속도만은 바뀌지 않지만 달려가는 방향이 계속 변화하고 있다. 즉 가속도운동이다. 그러므로 에너지는 줄어들어야 한다. 스케이트의 예를 들어 생각해 보면 이해하기 쉽다. 곧장 달려갈 경우에는 마찰이 훨씬 적기 때문에 거의 같은 속도로 계속해 달려간다. 그러나 커브에 다다르면 순간적으로 속도가 떨어진다. 사실 스케이트에서는 방향을 바꿀 때의 마찰이 브레이크가 되고 운동 에너지는 열에너지로 바뀌지만, 회전 전자는 전자기파 에너지를 방출한다. 자세히 계산해 보면 원자핵 주위의 전자는 전자기파(실제는 전파보다 파장이 짧은 빛)를 내어서 운동 에너지가 금방 줄어들고, 중심의 원자핵으로 끌려가 충돌해 버리게 된다.

이것은 곤란한 문제이다. 1910년대에 보어가 전기양자역학을 제안했을 때, 반대파는 이미 이 문제를 지적하고 있었다. 그리고 보어도 이 문제에 대해서는 크게 고민했다. 그러나 이 점을 일단 접어 두고, 보어의 양자조건을 도입하게 되면 실험 사실과 너무도 잘 일치했던 것이다.

또 행성의 경우에는 같은 사고방식으로 에너지의 감소를 생각할 수 없을까? 질량이 가속될 때는 아주 근소하게나마 파동을 방출하는 것이다. 이것을 중력파(重力波)라고 부른다. 그런데 지구의 공전 정도로서는 방출되는 중력파 에너지가 놀랄 만큼 작아서 도저히 측정할 수가 없다. 우주 어딘가에서 거대한 별이 단진동(單振動) 내지 원운동이라도 하고 있다면, 거기로부터 중력파가 온다고 생각할 수는 있을 것이다. 전기와 질량을 통일적으로 생각하려 한 아인슈타인이 중력파를 예언한 것은 당연한 일이며, 실제 중력파가 측정되었다.

중력파야 어찌 되었든 간에, 원자 내 전자의 안정성을 입증하는 일이 양자론을 전진시키는 데 있어서 커다란 장벽으로서 가로막고 있었다.

14. 하이젠베르크의 온고지신
—불확정성원리를 제창

더욱 혁명적인 변경이 필요하다

코펜하겐의 이론물리학 연구소에서는 젊은 하이젠베르크 등이 중심이 되어 기존의 양자론을 재검토하는 작업이 정력적으로 추진되었다. 원자핵 주위를 전자가 회전하고 있다고 믿어왔던 그때까지의 사고방식은 근본적으로 수정되어야만 한다는 분위기가 짙어지고 있었다. 핵과 그 주위를 공전하는 전자라는 생각은 과연 원자의 구조에 어울리는 것처럼 생각되지만 지나치게 '모형적'이다. 그래서 '낡은 물리학에 지나치게 구속되고 있다. 보다 혁명적인 변경이 필요하다'고 생각하게 되었다.

이 시도는 연구소의 책임자인 보어의 이론을 비판하고 나아가서는 그것을 부정하는 것으로 이어진다. 그러나 감히 그런 일을 해낸 젊은 연구자들의 열의도 열의려니와, 자신의 연구를 뛰어넘고 앞으로 나아가려는 청년 학도들을 격려하면서 충분한 지도를 베푼 보어의 포용력도 결코 평범한 것은 아니다. 자유로운 관점에서 연구자가 저마다의 독창성을 최대한으로 발휘할 수 있는 분위기가 이 연구소의 가장 큰 특색이다.

하지만 그렇다면 전자는, 아니 전자뿐만 아니라 원자 등의 미소 입자는 도대체 어떤 것인가, 당연히 수식을 사용하여 그 행동을 기술하게 될 터인데, 어떤 수식을 써야 하는가 하는 문제에 이르면 완전히 오리무중이다. 전자의 질량(m)이나 전하(-e)의 값은 알고 있다. 그렇다고 해서 그것을 작은 공 모양의 것이라고 단정해 버리는 것은 약간 지나치게 단순한 판단이 아닐까.

보어의 모형에 의하면 원자 내 전자는 원궤도나 타원궤도를 그리고 있으므로 이야기가 좀 복잡해진다. 직선운동 쪽이 단순하고 알기 쉽다. 따라서 고체 내의 원자를 예로 들어서 생각해 보기로 하자.

결정 내의 원자는 정지해 있는 것이 아니라 좌우로 진동하고 있다. 고체가 뜨거우면 뜨거울수록 크게 진동하게 된다. 이 진동을 수학 용어로는 단진동이라고 하고, 중심으로부터 진동 끝까지의 길이를 진폭, 1초간에 몇 번을 왕복하는가 하는 횟수 ν(뉴)를 진동수라고 부른다. 고체 속 원자의 진폭은 이웃 원자에 저지되어 매우 짧으며 1미터의 100억분의 1보다 작다. 한편 진동의 횟수 ν는 굉장히 맹렬해서 1초간에 수억 번, 아니 수조 번이나 진동한다.

물론 원자는 가로 방향(이것을 x 방향이라고 하자) 외에도 세로 방향(y 방향)으로도 또 높이의 방향(z 방향)으로도 단진동을 하고 있는데, x 방향에 대해서만 생각한다면 다른 방향의 경우에도 마찬가지로 말할 수 있다. 그러므로 운동 물체를 생각하는 경우 단진동을 하고 있는 원자가 가장 적합한 예이다.

자세한 연구 과정은 생략하겠지만, 고체의 비열(온도를 1℃만큼 높이는 데 필요한 열량)은 낮은 온도(-200℃나 -250℃처럼)가 되면 월등하게 감소하여 간다는 사실이 일찍부터 실험을 통해서 알려져 있었다. 그러나 고전역학에 입각해서 "단진동을 하고 있는 입자의 에너지는 연속적으로 어떤 값으로도 될 수가 있다"고 하고서 정밀한 계산을 해 보면, 저온에서의 비열 감소는 이끌어 낼 수가 없는 것이다. 고체의 열용량은 1몰(1몰은 물질을 구성하고 있는 입자의 수가 6×10^{23}개라는 것이다)에 대해서 항상 1도당 6칼로리가 되어 버린다. 이것을 뒬롱-프티의 법칙이라고 하며 대부분의 물질에서는 상온(보통의 대기온도. 절대온도로 300도 정도를 말한다) 이상이라면 이것으로 된다. 그런데 찬 온도에서는 이 법칙이 적용되지 않는다.

일찍부터 이 점에 착안하고 있던 아인슈타인이나 네덜란드의 디바이(1884~1966)는 단진동을 하는 원자의 에너지도 띄엄띄엄해야 한다고 제언했다. 그 띄엄띄엄의 폭은 빛의 경우와 마찬가지로 $h\nu$인 것이다. 진동 원자의 에너지는 0(제로)이거나, $h\nu$이거나, $2h\nu$이거나……로 해 주면 실험값을 훌륭하게 설명해준다. 이와 같이 고체비열의 이론은 빛의 입자성이나 원자로부터 나오는 빛의 불연속성과 더불어 옛날 물리학으로는 설명할 수 없는 것 중 하나이며 양자론 발견의 계기가 되었다. 그리고 단진동의 에너지가 $h\nu$의 정수 배가 된다는 것은 그 후 보어가 통일적으로 정리한 양자조건에 의해서 딱 맞아떨어지는 것이다.

마이크로 세계의 단진동

그러면 여기서 마이크로 세계의 단진동에 대한 내용을 차분히 생각해 보기로 하자. 단진동이라는 것은 1차원적인 운동의 일종이다. 일반적으로 운동하고 있는 물체〔실제는 크기가 없는 입자. 물리학에서는 이것을 질점(質點)이라고 한다〕는 어떻게 기술되고 있을까?

물체라는 것은 그 위치(x)와 속도(v)를 말해야 한다. 어느 시각에, 어디에 있고, 얼마만 한 속도인가를 지적하지 않으면 '운동상태'는 완전하다고는 말할 수 없다. 장소가 확실하더라도 속도를 알 수 없으면 안 된다. 마찬가지로 속도만 확실히 알고 있고, 어디에 있는지가 확실하지 않으면 지식으로서는 불충분하다. 양자가 시간과 더불어 어떤 상태로 변화하고 있는지가 밝혀져야만 비로소 우리는 운동상태를 알았다고 말할 수 있다. 수학에서 말하는 함수라는 것을 사용하여 x나 v를 시간(t)의 함수로써 기술하면 충분하다.

사실 역학을 일반화해서 기술할 경우에는 속도(v)에 물체의 질량(m)을 곱한 운동량 p=mv라는 것을 사용한다. x와 p가 운동상태를 나타내는 두 가지 중요한 요소인데, 운동량 같은 말이 이해하기 어렵다면 속도에 해당하는 것이라고 생각하면 된다.

원자가 단진동을 하고 있을 때, 어느 순간에 어느 위치(x)에 있고 속도(v) 또는 운동량(p)이 얼마만 하냐는 것은, 진동이 너무 빨라서 도저히 눈이나 기계를 사용하여 추척할 수 있는 것이 아니지만 원리적으로는 x와 p로써 기술한다. 아니, 기술하는 것이었다. 이를테면 x가 상당히 큼에도 불구하고(즉 물체가 진동의 중심점으로부터 상당히 떨어진 위치에 있더라도) p가 크다(빨리 달려가고 있다)면, 그것에 의해서 이 물체는 상당히 큰 에너지로서 진동하고 있다는 것 등을 알 수 있다. 요컨대 x와 p는 없어서는 안 될 두 가지 정보인 것이다.

한쪽을 확정하면 다른 쪽이 확정되지 않는다

그런데 양자론으로 가면 이야기가 전혀 달라진다. 우리가 단진동을 하고 있는 물체에 대해서 알 수 있는 정보란, 그 에너지가 $h\nu$의 몇 배인가 하는 것뿐이다. 정보의 값 자체가 띄엄띄엄한 수라는 것도 그렇거니와, 둘이 있어야 할 정보가 하나밖에 없다는 고전역학에서는 생각할 수 없었던 것과 같은 사태가 되어 있다. 전기양자역학에서 띄엄띄엄해야 한다는 것은 알고 있다고 하더라도, 또 하나의 정보량의 반감이라는 사실에 대해서는 신중히 생각해야 한다.

구슬치기 놀이의 구슬이 단진동을 하고 있는 것이라면 '지금 오른쪽 끝에 있다. 아, 중앙에 왔다. 아니, 왼쪽 끝으로 갔다' 하고 운동상태를 인정할 수 있을 것이다. 그러나 원자와 같은 작은 것에서는 오른쪽, 왼쪽 같은 것을 알 수가 없다. 인간이나 기계의 눈이 좇아갈 수 없다는 것이 아니라, 더욱 본질적으로 좌우로 진동하고 있다는 등의 '모형'은 무시해 버려야 하는 것이 아닐까? 원자나 전자의 공전궤도라는 것을 버려야 하는 것과 같은 것이 아닐까?

이와 같이 마이크로 세계의 사건은 사고방식을 전적으로 새롭게 해야만 하는 것이라고 하이젠베르크는 생각했다. 생각한 것까지는 좋았으나 여태까지의 위치(x)와 운동량(p)이라는 물체의 속성을 새로운 사고방식에서는 어떻게 처리해야 하는가 하는 큰 문제에 부딪쳤다. 이 큰 문제를 풀어 나가는 방법이(전기 양자역학에 대해서) 진정한 의미로서의 양자역학인 것이다.

단진동을 하고 있는 작은 물체만의 문제라면 "형태상으로는 단진동적일지 모르지만, 원자와 같은 작은 세계에서는 이미 그러한 운동은 없다. 거기에 있는 것은 $h\nu$의 몇 배인가의 에너지뿐이다" 하고 강압적으로 처리해 버리는 것도 하나의 방법일지 모른다. 그러나 그래서는 너무 노골적이다. 고전역학에서는 좌표(x)도 운동량(p)도 훌륭하게 존재했었다. 낡은 이론은 그런대로 가치가 있다. 그것을 모조리 파괴해 버려서는 물리학을 부정하게 될지도 모른다. x와 p의 사고방식 또는 수학적인 취급을 바꾸어 가야 할 것이라는 사상이 밑바닥에 있었다. 보어나 하이젠베르크가 동양적인 사상인 '온고지신(溫故知新)'을 알고 있었는지 어떤지는 모를 일이지만, 완성된 고전물리학의 파괴가 아니라 수정 내지는 일반화라는 방향으로 사고방식을 진행시켜 갔다. 후에 보어는 하이젠베르크에 의해서 양자역학의 건설에 즈음하여 도입된 이 사고방식을 상보성(相補性)원리라고 부르게 된다.

단진동에만 국한하지 않고, 일반적인 운동에서는 확실히 x와 p가 존재했다. 아니, 정확하게 말한다면 관측자에 의해서 인정되었다. 그러나 단진동의 예에서뿐만 아니라 일반적인 운동학에서는, 그 대상으로 하는 것의 에너지값을 반드시 확실하게 알고 있는 것만은 아니다. 단진동이기 때문에야말로 $h\nu$니 $2h\nu$니 하는 것이 명확하게 되어 있지만, 임의의 운동에서는 에너지가 이렇게 잘 확정되지 않는다.

그렇다고 하면 아무리 작은 세계의 일이라고는 해도 예로부터의 x와 p를 소중히 여겨야 한다. 이 양자로부터 출발해서 이론을 만들 수밖에 없다.

하지만 측정자가 얻는 정보는 여러 번에 걸쳐 말했듯이 하나밖에 없다. 그렇다면 미소 입자의 속성은 x뿐이고 p라는 것은 없다는 것일까? 또는 반대로 p만이 존재하고 위치 x 같은 것은 생각해서는 안 된다는 것일까?

고전역학에서는 x와 p가 전적으로 대등한 관계에 있었다. 어느 쪽 변수가 뛰어나다는 등으로는 말할 수가 없었다. 차별을 해서는 안 되는 것이다.

불확정성원리의 확정

이런 사색을 거쳐 하이젠베르크의 사고방식이 서서히 자리를 굳혀 갔다. x가 존재할 때는 p(알기 쉽게 말하면 속도)가 없다. 반대로 p가 확실하면 x(즉 물체의 위치)는 존재하지 않는다. 자연이 우리에게 가르쳐 주는 값이 한 종류밖에 없다고 한다면, 위와 같이 해석할 수밖에 없다. 이 사고방식이야말로 양자역학의 골격을 이룬다는 것이 서서히 밝혀지게 된다. 아니, 그렇게 말하기보다는 이것을 인정함으로써 길이 트이게 되는 것이다. 한쪽을 결정하면 다른 쪽은 원리적으로 결정되지 않는다는 사고방식이 바로 불확정성원리(不確定性原理)이며, 1927년 하이젠베르크의 논문 「양자론적 운동학과 운동역학의 직관적인 내용에 관하여」에서 분명하게 물리학계에 제창했던 것이다. 그는 1925년 양자론의 새로운 역학을 만들어 내었고, 1926년 이미 불확정성원리의 내용을 담은 논문을 제출하였다. 불과 24~25세인 청년 물리학자의 이 위대한 업적은 정말로 경탄할 만한 것이다.

물론 페르미나, 취리히의 슈뢰딩거도 양자역학의 창설에 각자 자기 나름의 방법으로 주력했었다. 하지만 근본 문제인 "두 가지 양을 동시에 결정한다. 바꿔 말하면 관측자가 두 가지 양을 아는 등의 일은 무의미하다"는 그의 불확정성원리의 내용은, 전문가가 아닌 사람도 납득할 수 있도록 좀 더 자세한 설명을 해야 할 것이다.

15. 불확정성
—마이크로한 세계의 밑바탕에 깔린 원리

위치를 알게 되면 운동량이 없어진다

1900년대부터 1910년대에 걸친 전기양자역학의 사상에서 물리 관측의 대상이 되는 마이크로한 양은 '연속으로부터 이산(띄엄띄엄)으로'인 데 비해서, 1920년대 양자역학의 사상은 불확정성원리에 의해서 대표되는 것이라고 말할 수 있을 것이다. 이것을 제창한 사람은 젊은 물리학자 하이젠베르크로, 이 이후의 양자론은 모두 불확정의 기초 위에 성립되는 것이다. 기초가 불확정하다, 즉 '확실하게 결정할 수 없다'면 이론을 수립하려 한들 어쩔 방법이 없지 않느냐고 말하게 될 것 같지만, 서두르지 말고 천천히 '불확정'의 의미와 그것의 영향을 생각해 나가기로 하자.

원자나 전자와 같은 작은 '입자'가 어디에 있는지(장소 x)를 알고 싶다고 하자. 알기 위해서는 당연히 관측을 해야 한다. 쉽게 말해서 인간이 자기 눈으로 보아야 한다. 자동차의 위치나 걸어가는 사람의 소재, 날아가는 야구공을 직접 보면 그것으로 된다고 생각하는 것은 고전적인(또는 상식적인) 발상이다. 작은 세계(마이크로한 물체라는)에서는 약간 이야기가 달라진다.

'본다'든지 '측정한다'든지 하는 일들의 의미를 여태까지의 물리학에서는 깊이 생각해 보려고 하지 않았다. 물리학의 대상이 되는 입자는 어느 시각에, 어느 장소에 존재하고, 어떤 속도(또는 속도에 질량을 곱한 운동량)를 갖고 있는 것이라고 아예 단정하고 덤벼들었다. 그러면 되는 것일까? 보이지 않는 것의 존재를 전제로 하는 것이 아니라, 그것을 인간이 인정했을 때에야 비로소 '존재한다'고 말할 수 있지 않을까? 이야기가 좀 철학적이라고 할까, 생각하기에 따라서는 선문답(禪問答)식으로 흘

러갈 수도 있겠지만, 요컨대 인간이 인정하지 않으면 아무것도 없는 것이나 마찬가지인 것이다. 이를테면 지금 자기 앞에 유령이 득실거리고 있는데 사람의 눈에는 그것이 보이지 않을 뿐이라고 주장한들, 단순한 정신훈화로는 재미가 있을지 몰라도 이처럼 증거(실증이라고 말하는 편이 낫다)가 없는 것은 자연과학에서는 채택하지 않는다.

그러면 마이크로한 입자를 인정하는 과정을 생각해 보자.

원자든 전자든 빛의 입자(여러 번 말했듯이 그 에너지는 $h\nu$)가 충돌한다. 반사된 빛의 일부가 눈으로 들어와서 '보이는' 것이 된다. 보인 순간에 빛이 왔던 방향으로부터 추정하여 원자나 전자의 위치를 알 수 있다. 그러나 원자나 전자는 빛의 입자(광자)에 차였기 때문에 어느 방향으로인가 튕겨 가는 것이다. 당구라면 어느 쪽으로 튕겨 갔는지 금방 알 수가 있지만, 전자 대 광자의 충돌에서는 도약해 가는 방향이 확실하지 않다. 실험 기술이 미숙하기 때문에 확실하지 않은 것이 아니라, 아무리 정교한 계기를 사용하더라도 '원리적으로' 확실하지 않은 것이다. 좀 더 대담한 표현을 한다면, 위치를 확인하면 운동량이 없어져 버리는 것이다. '운동량을 모른다'는 표현보다는 운동량이 없다고 단언해 버리는 쪽이 시원스럽다.

다른 측정 방법에 의해서 운동량을 확인하는 방법이 있기는 하다. 그러나 이 경우에는 위치를 알 수 없게 된다. 아니, 위치가 없어져 버린다. 한쪽을 성립시키면 다른 한쪽이 성립하지 않게 되어 버리는 것이다.

양쪽을 조금씩 인정한다면

이야기를 좀 더 타협적으로 진행시켜 보기로 하자. 마이크로적인 입자의 위치가 정확하게 판명되어 있는 것은 아니지만, 어느 정도의 범위 안에 있다는 사실만은 알고 있다고 하자. 미소 입자이기 때문에 기껏해야 수 옹스트롬(Å: 1Å은 1㎝의 1억분의 1로서 원자의 크기가 이 정도이다) 정도이고, 그것이 존재하는 영역을 Δx로 표기하기로 한다. Δ는 그리스 문자의 델타로서 물리학에서 이 기호를 사용했을 때는 다음에 오는 x의 '차', 더 알기 쉽게 해석하면 '폭'이라고 생각하면 된다.

그런데 입자(몇 번이나 말했듯이 원자나 전자 등)의 위치가 정확하게 정해져 있는 것은 아니지만, 어느 정도의 폭을 지니게 하여 Δx 속에 존재한다는 것을 알았다. 이때 이 입자의 운동량을 알 수 있을까, 아니면 알 수 없을까?

결론부터 말하면 어느 정도는 확실해진다. 그다지 느리지도 않고 그렇다고 터무니없이 빠르지도 않으면서, 운동량은 Δp 속에 있다. 물론 이 기호는 운동량(p)의 어떤 '폭'을 나타내고 있다.

위치가 꽤나 확실하다. 따라서 앞의 기호에서 Δx가 상당히 작다면 반대로 운동량 쪽의 '모호성'이 늘어나서 Δp가 커진다. 반대로 운동량이 상당히 확실하게 되어 있으면(Δp가 작다) 위치의 모호성이 증대한다(Δx가 커진다). 즉 두 모호성이라는 양은 반비례하는 것이 된다. 하이젠베르크는 이 문제를 깊이 검토하여 결국,

$$\Delta x \cdot \Delta p = h$$

라는 식을 이끌었다. 이것이야말로 불확정성원리라는 말을 수식으로써 나타낸 것이다. 위치를 알면($\Delta x=0$) 운동량은 완전히 불확정($\Delta p=\infty$: 무한대)이며, 반대로 $\Delta p=0$이면 $\Delta x=\infty$로 위치가 없다.

다만 책에 따라서는 이 식의 우변이 $h/2$로 되어 있거나, $h/2\pi$ 또는 $h/4\pi$로 되어 있기도 한데, 이것은 '폭'을 어떻게 정의하는가에 따라서 달라지게 되는 것으로서 기본적인 문제는 아니다. 50% 이상이 존재하는 영역을 폭이라고 부르는가 또는 80%로 늘리는가에 따라서 우변의 상수가 달라지는데, 어쨌든 위치와 운동량의 모호성을 곱한 것이 플랑크 상수 정도의 것으로 된다는 것이 새로운 양자역학의 기본적인 자세이다.

측정하기 때문에 불확정한 것이 된다

"위치를 측정하면 운동량은 알 수 없게 된다"는 예를 좀 더 알기 쉬운 이야기로 설명해 보자. 이를테면 도선에 전류가 흐르고 있다고 하자. 이 전류의 크기를 알고 싶다. 그러기 위해서는 도선 중간에 전류계를 삽입해야 한다. 전류계의 내부에는 저항이 작은 도선이 있고, 거기를 통과하는 전류가 기계 내의 장치에 판독되어 결국 전류의 크기가 눈금에 나타난다. 전류계를 삽입함으로써 비로소 전류의 크기를 알 수 있는 것이다. 그런데 전류계를 삽입했기 때문에 그 이전의 전류와는 아주 근소하게나마 달라지고 있을 것이다. 우리는 이 달라진 전류를 읽고 있다는 것이 된다.

전압을 측정하는 경우도 마찬가지이다. A, B 두 점 간의 전압을 알려면 둘 사이에 병렬로 전압계를 설치한다. 그러나 이

자연계의 물리적인 양을 측정하려 할 때는 대상물이 측정 기기에 의해서 다소나마 흐트러진다

것을 설치했기 때문에 최초의 전압과는 다른 것을 측정한 셈이 된다. 즉 자연계의 물리적인 양을 측정하려 할 때는 대상물을 측정 기구에 의해서 다소나마 흩트려 놓은 것이 된다.

더욱 가까운 예가 온도의 측정이다. 우리는 측정하려는 물체에 온도계를 집어넣는다. 온도계를 넣음으로써 대상물의 온도는(아마 극히 근소하겠지만) 변화해 버린다. 관측자는 그 변화한 후의 온도를 알게 된다.

온도계의 온도를 처음부터 대상물의 온도와 같게 해 두면 온도 변화가 일어나지 않을 것이라고 생각할지 모른다. 그러나 대상물의 온도를 처음부터 알고 있다면 굳이 온도를 측정할 필요가 없다. 모르기 때문에 온도계를 집어넣는 것이다.

이런 까닭으로 불확정성원리란, 대상을 측정하려고 이것에 작용한 결과, 대상의 '본래 모습'을 불확실한 것으로 만들어 버리는 일이라고 말해도 된다. '측정'이라는 조작이 불확정의 방아쇠가 되는 것이다. 그리고 측정 없이는 우리는 아무것도 알 수가 없다. 고전물리학에서는 당연한 일로 생각되어 왔던 "물질은 측정을 하든, 하지 않든 간에 엄연히 존재하고 있는 것이다"라는 대전제를 버려야 한다. 이것이 하이젠베르크의 주장이자 양자론의 골격을 이루는 것이다.

전류계, 전압계 또는 온도계 등의 경우는 측정할 대상에 비교해서 계기가 충분히 작기 때문에 대상의 상태를 흩트려 놓는다는 등의 걱정은 하지 않아도 되었다. 열이 있는 사람의 겨드랑이에 체온계를 꽂아도 체온계가 차기 때문에 열이 조금 내려간다는 것을 걱정하는 사람은 없다. 그러나 대상이 원자나 전자 등의 마이크로한 세계가 되면, 측정한다는 일 때문에 측정되는 것은 크게, 더구나 완전히 무작위로 변화해 버린다. 측정하는 자신과 측정되는 자연현상을 구별하고 대비해서 생각하는 데에 불확정성원리의 본질적인 의미가 있다.

인간에게도 비슷한 습성이……

"자, 사진을 찍습니다. 편안하게 웃는 얼굴을 찍고 싶군요. 자, 따라하세요. 치즈." 익숙한 연예인이라면 몰라도 보통 사람에게 이런 말을 하면 도리어 표정이 굳어진다.

"아니, 안 돼요. 그런 표정은……. 사진을 찍는다는 건 잊어버리고 평소처럼 활짝 웃으세요." 사진기사가 그런 말을 하면 할수록 더욱 표정이 이상해진다. 즉 정식으로 사진이 찍히고 있다는 의식에서 벗어나지 못하고 웃는 표정을 지으려 하면 더욱 부자연스러운 굳은 표정이 되고 만다. 이것은 어쩔 수가 없다. 사진을 찍는다는 조작이 상대방의 평소 상태를 바꿔 놓아 버리는 것이다.

평소에는 친구들과 말이 많은 사람이, 어떤 기회에 강단에 올라서서 대중 앞에서 이야기를 해야 할 경우가 되었다고 하자. 강단이 아니고 좀 더 일상적인 결혼식의 축사라도 좋다. 어쨌든 자리에서 일어난 순간부터 여러 사람의 시선을 받게 된다. 심약한 사람이라면 금방 흥분해서 통 갈피를 잡지 못한다. 수많은 시선이 그 사람의 상태를 바꿔 놓은 것이라고 할 수 있다.

평소에 기억력도 좋고 자기 집에서는 어려운 문제도 술술 쉽게 풀어 나가는 수험생이 시험장에 들어간 순간부터 아무것도 생각해 내지 못하거나, 면접장에서 면접관과 얼굴을 맞댄 순간 평소의 10분의 1도 말이 나오지 않는 것도 마찬가지이다. 연습

때는 잘 치고 던지던 야구 선수가 경기장에서 응원을 받으면 받을수록 실력을 온전히 발휘하지 못하는 일도 있다.

이상은 일상생활에서의 일로서, 인간은 훈련에 의해서 이와 같은 심리를 극복할 수 있다. 인간이 '그 장소'에 임하게 되면 상태가 바뀐다는 것은 단순한 비유이다.

그러나 원자나 전자의 세계에서는 그렇게는 되지 않는다. 관찰되면, 즉 측정의 매체로서 빛이 부딪치면 상태는 전혀 알 수 없게 되어 버리는 것이다. 아무리 훈련을 한들(사실 마이크로한 물체를 훈련시킨다는 일은 불가능한 일이지만) 어떻게 될 수 있는 일이 아니다. 결정할 수가 없다는, 즉 불확정하다는 것이 극미 세계의 밑바닥에 가로놓여 있는 것이 된다.

16. 하이젠베르크의 행렬인가?
슈뢰딩거의 파동인가?

전지전능한 라플라스의 악마

하이젠베르크에 의해서 불확정성이론이 제창되었다. 원자나 전자와 같은 작은 세계에서는 "궁극적으로는 확정되지 않는다"는 것이다. 이것은 큰 충격이다. 인간에서나 여러 가지 물체에서도 결국은 분자와 원자, 나아가서는 소립자로써 이루어져 있다. 최소 입자가 '불확정'한 것이라고 한다면, 그들 입자로 구성되는 물질도 그 밑바탕에는 불확정이라는 요소가 존재하는 것이 된다. 우리는 자연계를 관찰하는 태도를 바꾸어야만 한다.

여태까지의 물리학의 여러 법칙을 적용해 나가면, 가령 현재의 모든 상태에 대해서 속속들이 잘 알고 있다면 이것으로부터 미래의 모든 상태가 판명되는 것이라고 생각되어 왔다. 물체에 힘이 작용하면 힘을 질량으로 나눈 값의 가속도가 생긴다든가, 물질이 충돌하면 운동량이 보존된다든가 하는 엄연한 법칙이 성립되어 있기 때문이다. 기상예보 등은 이 같은 여러 가지 법칙을 교묘히 적용함으로써 꽤나 정확해졌다. 지진에 대해서는 아직도 현재 상태에 대한 정보(지각 등의 근소한 변형이나 그 밖의 여러 가지 사항)의 부족으로 현재와 미래를 결부하는 지극히 다양한 역학법칙을 모조리 파악하기까지에는 이르지 못하고 있다. 그 때문에 지진의 예지는 기상에 비해서 훨씬 더 어렵지만, 이것은 요컨대 지식의 부족인 것이다. 원인과 결과 사이의 인과관계(이것은 엄청나게 복잡하지만)를 확실히 알게 되고, 나아가 현재의 상태(즉 원인)를 정확하게 이해하고 있으면(이것도 현실적으로는 무척이나 어려운 이야기이지만), 미래를 예지하는 일은 원칙적으로 가능하다고 생각되어 왔다.

이러한 사상은 이미 과학자(또는 철학자?)에 의해서 생각되어

왔고, 이를테면 프랑스의 수학자 라플라스(1749~1827, 천문학자이기도 했다)는 이 전지전능하신 신의 존재를 인정했다. 실제로 그런 신이 있는지 없는지는 알 수가 없다. 요지는, 원인이 있으면 그것으로 인해서 어김없이 결정되는 하나의 결과가 존재한다고 한다. 사람들은 이 전지전능한 신을 '라플라스의 악마'라고 부른다. 너무나도 모든 일을 다 알아 버린 사람(?)이기 때문에 신이라고 하기보다는 차라리 악마라는 이름이 더 어울린다는 말일까?

라플라스 시절에는 분자와 원자의 존재가 그다지 확실하지 않았지만, 현재의 이론으로 생각하면 이 악마는 전체 우주의 원자나 전자 또는 더욱 기본이 되는 원자핵 속의 양성자나 중성자 등(즉 최종 입자인 소립자. 현재는 쿼크를 생각하는 편이 낫다)의 움직임을 모조리 알아내고 미래의 동태를 다시 고쳐 볼 수 있을 것이다.

이 라플라스의 악마의 존재에 대해서 제동을 건 것이 불확정성원리라고 하는데, 차라리 이해하기 쉬운 라플라스의 악마 쪽을 좀 더 생각해 보기로 하자.

라플라스의 악마는 무엇을 할 수 있는가?

간단한 예로서 직사각형 당구대 위를 굴러가는 공을 예로 들어 보자. 공과 당구대의 면 사이에는 마찰이 전혀 없고, 공기저항도 없으며 더구나 대 끝에서는 완전한 충돌(반발계수가 1이고 충돌면과 평행 방향의 마찰도 없다)을 한다고 가정하면, 신이 아니더라도 정밀한 작도(作圖)만 하면 미래의 궤적을 그려 나갈 수 있다. 컴퓨터를 사용하면 꽤나 먼 미래까지도 예지할 수 있게 된다.

실제로는 여러 종류의 마찰 등이 있는 데다 공이 회전하고 있거나 하기 때문에 예상하는 것이 매우 어렵다. 그러나 가령 마찰 등 모든 요소를 알고 있다고 한다면 공의 미래(그 위치와 속도)를 정확하게 예언할 수 있을 것이다. 또 다른 공이 면 위에 있었다고 하더라도 충돌의 법칙을 완전히 이해하고 있다면 당구대의 미래는 모두 예측할 수가 있다. 이런 일을 생각해 보면 아무래도 라플라스의 악마가 존재한다는 것을 인정하고 싶어진다.

비슷한 예로는 컴퓨터가 있다. 패미컴(게임용 컴퓨터의 일종) 게임의 대부분은 손가락의 동작이 얼마나 능숙한가에 따라 종점에 도달할 수 있는가가 결정된다. 이를테면 어드벤처라고 불리는 추리물 게임이 그러하다. 패미컴의 '포토피아 연쇄 살인 사건'이나 '오호츠크에 사라지다'라는 게임만 해도 커맨드(컴퓨터에서 작업을 지시하는 부분)를 적당하게 선택하고 요령 있게 명령함으로써 범인의 체포에까지 도달할 수 있다. 사실 완결에 이르기까지의 고생이란 예사로운 일이 아니다. 특히 포토피아의 지하실의 미로 등은 꼼꼼하게 조사해 나가자면 그것에만도 많은 시일을 소요하게 된다. 그러나 답은 있다. 다만 그것이 매우 복잡하다는 이유 때문에 좀처럼 발견할 수 없을 뿐이다.

또 컴퓨터의 장기나 바둑 등은 정말 잘 만들었다는 생각이 든다. '말을 쓰는 방법'이나 '말을 쓸 장소'의 수 등, 그 상황과 장면에 따라서 방법이 많은데 어느 말을 쓰겠다고 지정하면 기계가 나름대로 척척 대응해 주는 것이 재미있다. 다만 인간이 만든 것이기 때문에 몇 판이고 게임을 하고 있는 동안에는 저절로 상대방의 '버릇'을 판단할 수 있게 되고, 이윽고 언제나

이기게 된다. 즉 기계로서의 장기나 바둑의 능력은 아직도 진짜 고단자에 비하면 미숙한 것이다.

모르기 때문에 행복하다

여기서 말하고 싶은 것은 만약 진짜 장기나 바둑에 대한 완벽한 정보가 있다면(즉 현재의 컴퓨터보다 수조 배 또는 그보다 훨씬 더 많은 지식을 갖고 있다면) 어떻게 될까 하는 점이다.

라플라스의 악마 두 명이 장기판을 끼고 대국을 한다면, 말을 쓰기 전부터 승패는 이미 '확정'되어 있는 것이 아닐까? 말을 먼저 쓰는 편이 반드시 이길 것인지, 비기게 될 것인지는 아무도 알 수가 없지만, 어쨌든 정답은 있는 것이라고 생각해도 된다. 바둑이라면 네 집이나 다섯 집 정도가 유리해질 것이라는 생각이 든다. 쌍방이 모두 수를 썼을 때의 경우로서 결과는 일의적으로 결정되어 있다.

거기까지는 아직 완전한 연구가 이루어져 있지 않기 때문에 장기나 바둑에 대한 매력이 없어지지 않고 있다. 이런 게임은 정답을 모르기 때문에 오히려 재미가 있다고도 말할 수 있다. 악마가 아닌 인간은 멀리 앞을 내다보고서 말을 쓸 방법을 모조리 알 수는 없는 것이다. 이에 반해 컴퓨터가 말을 쓰는 방법은 '유한'한 것이어서 인간에게 그 방법이 기억되어 버리기 때문에 불만스럽게 느껴진다. 어드벤처 게임도 일단 완결에 도달해 버리면 그 후에는 새로운 발견이라는 기쁨은 없어져 버린다.

게임도 대응하는 수가 적을 경우에는 금방 해답을 알게 된다. 이를테면 오셀로 게임은 장기 등에 비교하면 간단한 것 같은데, 그것을 더욱 단순화시켜 3행 3열의 판에 한정시켜 본다.

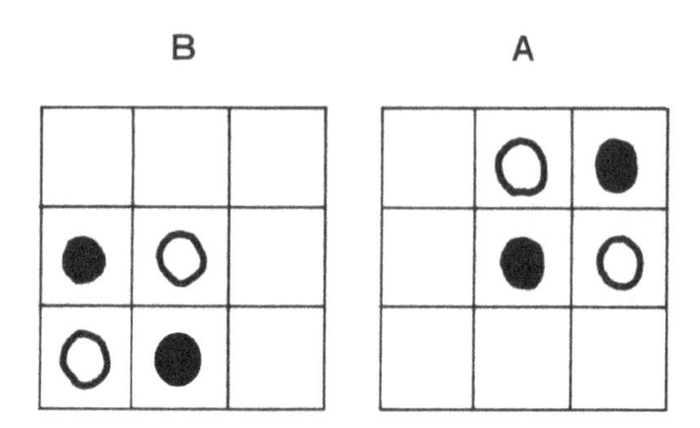

그림 A에서는 흑이 언제나 이기기 마련이고, B에서는 반드시 백이 이길 것임을 금방 알 수 있을 것이다. 이런 경우에는 우리 자신이 라플라스의 악마가 되어 있다.

이렇게 살펴 오면 "너를 라플라스의 악마로 만들어 줄까 하는데 어떠냐?"라고 마법사가 제안한다 해도 "예, 기꺼이 하겠습니다"라고 대답하는 것은 좀 생각해 볼 일이다. 만약 그 악마가 되어 버린다면 자신의 몸을 형성하고 있는 세포나 분자, 나아가서는 소립자의 움직임도 모조리 알게 되고 자신의 수명도 즉석에서 판명될 것이다. 라플라스의 악마는 '예측'은 완전하지만 미래를 바꿔 놓을 수는 없다. 모든 것을 아는 신(또는 악마)이 된 그 순간, 자신이 1년 후에 죽게 된다는 것을 알게 되어 노이로제에 걸리면 본전도 찾지 못한다. 아무래도 인간의 행복은 '모른다' 또는 '예측할 수 없다'는 데에 있는 듯한 생각이 든다.

양자역학을 떠받치는 하나의 기둥—행렬역학

오랫동안 현실적인 것은 못 되지만 이치로서는 이러한 라플라스의 악마가 있어도 된다고 생각되어 왔다. 그러나 불확정성원리

라플라스의 악마는 미래를 알고서 노이로제에 걸려 버렸다. 그 점에서 인간은 어쩌면 이렇게도 낙천적일까……

에 의해서 과연 미래가 일의적으로 결정되는 것인가 어떤가 하는 것은 의심스러워졌다. 미소 입자의 위치나 운동량이 Δx라든가 Δp라든가 하는 것처럼 '어느 정도의 확실성'으로밖에는 더 표현할 수 없게 되었다. 이것을 수학적으로 집약시켜 가면, 한 개의 전자가 어느 시각에 어느 장소에 있을 확률은 10%라든가

20%라든가 하듯이 확률적인 표현 방법밖에는 없는 것이다. 미소 입자의 상태를 기술하는 양자역학에서는 이렇게 해서 확률적인 해답을 얻는 수식을 만드는 데에 노력이 기울여졌다.

어쨌든 여태까지의 수학과는 전혀 다르다. 고전역학이라면 입자의 에너지(E)는 운동량(p)과 장소(x)라는 두 변수의 함수로서 기술할 수 있었다. 그러나 이 방법은 이미 통용되지 않는다. p가 있으면 x가 없고, x를 알고 있으면 p가 없기 때문이다. x와 p를 더불어 사용할 수는 없다. 그렇다면 어떻게 해야 할까?

하이젠베르크는 숙고 끝에 x와 p를 단순한 변수가 아니라 일찍부터 수학자가 이론적으로 생각해 왔던 행렬(Matrix라고도 한다)로 하면 형편이 좋다는 사실을 발견했다.

행렬(行列)이라는 것은 세로와 가로로 배열된 수치 또는 변수의 '조합'이다. 하나의 수치를 대표하는 단순한 변수와는 전혀 다르다. 사실 간단한 2행 2열 등은 고등학교의 수학에서 다루지만, 양자역학의 경우는 행의 수나 열의 수가 무한히 큰 경우가 많다. 이 행렬을 바탕으로 물리적인 문제에 대응하여 수식을 만들어 가자. 당연히 난해한 것이 많지만, 이것에서부터 이끌어지는 해답은 양자론적인 실험 결과와 일치하는 것이다. 이 (진짜의) 양자역학에 대해서 보어의 양자조건만을 짜 넣은 1910년대의 그것을, 앞에서 말했듯이 전기양자역학 또는 고전양자역학이라 부른다.

또 하나의 기둥—슈뢰딩거의 파동역학

진짜 양자역학은 하이젠베르크와 전혀 별개의 형태로서도 연구되었다. 이보다 앞서 프랑스의 이론물리학자 드브로이는 물질파(物質波)에 대한 이론적인 연구를 하고 있었다. 이를테면 전자가 진공관 속 등을 달려갈 경우의 파동과 똑같은 성질을 가리키는 것이다. 전자라고 하면 우리는 입자를 상상하는데, 그것이 집단적으로 달려갈 때는 파동으로서의 성격을 보여 준다. 전자류(電子流)에 충돌하도록 회절격자 등을 두면 그 뒤쪽에 간섭 무늬 등이 나타나는 것이다. 입자라고 생각하고 있던 것이 파동이고, 반대로 빛처럼 파동이라고 생각하고 있던 것이 한 면에서는 입자이기도 하다. 요컨대 마이크로의 세계에서는 입자와 파동은 물질의 양면이며 어느 쪽의 성질도 다 지니고 있다는 것이 된다. 또 운동량의 입자류(粒子流) 파동의 파장 람다(λ)는

$\lambda = h / p$ 또는 $p = h / \lambda$

로 나타내어지고, 이것은 에너지(E)의 진동수(ν)와의 관계식 $E=h\nu$와 마찬가지로 중요하다.

그런데 드브로이의 식을 승계하여 오스트리아의 이론물리학자 슈뢰딩거(1887~1961)는 새로운 양자역학을 구축해 나갔다. 그의 경우는 하이젠베르크의 방법과는 전혀 다르다. 이를테면 입자의 위치(x)를 그대로 채용하면 운동량(p) 쪽은 'x로 미분한다'는 기호로 치환해 버린다. 이렇게 해서 만들어진 것을 슈뢰딩거의 파동방정식이라고 부른다.

이리하여 양자역학은 행렬역학과 파동역학의 이원제(二院制)로 연구가 추진되어 간다. 후에 와서 영국의 디랙(1900~1984)이 양자가 본질적으로는 똑같다는 것을 제시하게 된다.

17. 삶인가? 죽음인가? 슈뢰딩거의 고양이

마이크로 세계에는 일발필중이란 없다……

우주 전체에 있는 소립자 또는 그 기본이 되는 쿼크는 막대한 수에 이를 것이다. 그것들 전부에 대한 현시점에서의 상태가 어떠한 것인지는 인간이 아무리 힘을 쓴들 도저히 알 수 없는 것이지만, 그러나 원칙적으로는 대략 어떤 것인가를 알고 있을 것이다. 그리고 입자와 입자가 충돌했을 때, 보다 정확히 말해서 상호작용을 할 때, 그 결과가 어떤 상태가 되는가에 대해서는 물리법칙에 의해서 모든 것을 알게 된다. 따라서 전지전능한 슈퍼맨만 있으면 '이론상으로는' 모든 것을 예측할 수 있다는 것이 고전물리학의 귀결이며 이 슈퍼맨을 라플라스의 악마라고 부른다는 것은 앞에서 말했다.

그런데 양자론이 제창됨에 이르러서 미래는 일발필중식으로 결정되는 것이 아니라 확률적으로밖에는 예언할 수 없게 되었다. 내일은 어느 지역에서 비가 올 확률이 20%라는 식의 확률인 것이다.

이를테면 작은 입자가 어느 시각에 어느 장소 P점에 있다고 하자. 위치가 확정되어 있으므로 불확정성원리에 의해서 그 속도(정확하게 말하면 운동량)는 알 수가 없다. 그런 뒤 약간의 시간이 경과하면 그 입자는 어디에 있을까? P점 가까이에는 큰 확률로 존재하고, P점보다 먼 곳에는 작은 확률로밖에는 존재하지 않는다는 것밖에는 예언할 수가 없다. 아무리 계산을 정확히 한들 확률의 값이 정밀해질 뿐이고, 확률은 어디까지나 확률에 지나지 않는다. 기상예보에 비유한다면 측정 계기가 훨씬 더 발달해서 기상상의 계산 정밀도가 높아지면, 여태까지는 20%라고 예측되었던 것이 더욱 정밀하게 21.38%라고 말할 수 있다는 등의 것이다. 21.38%면 굉장히 정확한 예보가 아닌가 하고 생각할 사람도 있겠지만, 아무리 정밀도를 높여도 그것이 '확률'인 한은 불만스럽다고 생각하는 사람도 있을 것이다.

양자론에서는 이런 의미로서의 불만이 늘 따라붙기 마련이다. 아니, 차라리 이렇게 확률적으로밖에는 미래를 예측할 수 없는 것이 양자론이라고 납득해야 한다. 마이크로의 세계에는 일발필중 같은 일은 없으며, 항상 어느 정도의 확률로 미래는 이러이러한 상태가 된다…… 하는 표현밖에 할 수가 없는 것이다. 마이크로의 세계, 나아가서는 자연계의 현상을 관찰할 때는 항상 이와 같은 '불확정'이라는 인과가 따라붙는다.

양자역학은 응용 면에서 절대적인 위력이 있다

양자론을 수식으로 나타내는 양자역학은 앞에서도 말했듯이 코펜하겐의 하이젠베르크를 중심으로 하는 행렬역학(行列力學)의 방법과, 드브로이로부터 슈뢰딩거로 계승되어 발전한 파동역학의 방법을 병행해서 추진되었다. 물론 이 밖에도 많은 물리학자와 수학자가 이에 참여하여 1925년을 시발점으로 급격히 발전해 갔다.

그리하여 이 양자역학을 사용함으로써 흑체복사의 문제도, 원자로부터 나오는 빛의 파장이 띄엄띄엄하다는 것도, 또 고체의 비열이 낮은 온도에서 매우 작아진다는 현상도 훌륭하게 설명할 수 있다. 이 세 가지와 같이 고전물리학의 시대부터 알고 있던 불가해한 현상을 해명했을 뿐만 아니라, 원자나 전자처럼 작은 입자의 여러 가지 사항(아니, 모든 사항이라고 해도 될 것이다)을 순식간에 해결해 나갔던 것이다. 그 응용 면에서의 위력은 정말로 헤아릴 수 없을 만한 것이 있다. 탄생 후 60년을 경과한 20세기 말에 있어서도 양자역학의 가치는 훼손되기는커녕 더더욱 중요한 것이 되어 있다. 현재의 물리학은 양자역학 없이는 성립하지 않는다고 해도 지나친 말이 아닐 것이다.

이와 같이 양자역학은 그것을 물리학에 적용함에 있어서는 멋질 만큼 훌륭한 수학적 체계이기는 하지만, 그 기본이 되는 사고방식에 있어서는 물리학자들 사이에서도 반드시 일치하지 않았다. 그 사상을 간단히 설명하기는 어렵지만 양자역학의 주류파인 코펜하겐파의 주장을 알기 쉽게 말하면 다음과 같다.

전자의 위치가 확률로서 나타내어진다는 것은 어떤 것인가?

일반적으로 양자역학에서는 유파(流派)에 불구하고 한 개의 입자(이를테면 전자)의 위치는 확률에 의해서 나타내어지므로, 예컨대 A점에 50%, B점에 30%, C점에 20%가 존재한다고 하자. 실제로는 공간의 곳곳에서 연속적인 확률로서 존재하는 것이지만, 설명을 간단히 하기 위해 세 가지 점에만 집약해 보기로 한다.

그런데 코펜하겐파의 해석에서는 하나의 입자가 A에도, B에도, 또 C에도 존재하고 있다고 하는 것이다. 작은 한 개의 전자가 떨어져 있는 세 지점 A, B, C에 '동시에' 존재하고 있는 것이다.

그 전자의 위치를 확인하려고(이를테면 새로이 빛을 충돌시켜서) 측정했다고 하자. 측정 결과는 결코 전자가 셋으로 분할되어 있는 것이 아니라, 이를테면 A점에 있다는 것을 알 수 있다. 같은 조건으로 같은 측정을 몇 번이나 반복해 본다. 가령 1만

번의 실험에서 A점에서 발견되는 횟수가 약 5,000번, B점이 3,000번, C점이 2,000번이 되는 것이다. 그러므로 실험 결과로서는 통계적인 값밖에는 알지 못한다는 것이 된다. 측정 이전에는 세 지점으로 확산되어 있던 전자가 관측이라는 작용을 한 결과 한 점으로 '수축되었다'고 생각하는 것이 양자역학의 주류파의 사상이다. 그렇다면 관측한다는 수단이 마이크로의 물리학에서는 큰 문제가 된다. 관측하기 이전의 상태(이 상태를 인간은 알 수가 없다. 원리적으로는 미지이기 때문에 전자는 세 점에 동시에 존재하고 있다는 것이다)와 관측이라는 수단으로 대상에 영향을 준 후의 상태(이 상태를 실험값으로서 인간은 인정할 수가 있다)는 달라져 버린다고 생각하는 것이다.

아인슈타인의 반대

이렇게 꽤나 철학적인 사고(?)에 대해서 사상가들은 물론, 물리학자 중에서도 찬성할 수 없다는 반론이 일어났다. 가장 유명한 사람이 상대론으로 유명한 아인슈타인이었다. 그는

"마이크로의 세계를 관찰했을 때 그 결과가 통계적으로 나타난다는 것은 알고 있다. 아무리 측정 기술을 정밀하게 해도 전자의 존재는(앞의 예로 말하면) A에는 50%, B에는 30%, C에는 20%가 될 것이다. 그렇다고 해서 관측하지 않을 때의 전자가 A와 B, C에도 존재하고 있다는 것은 좀 이상하지 않은가? 인간이 그것을 알 수 있을지 어떨지는 몰라도 전자가 존재하는 장소는 어떠한 수치(아인슈타인은 이것을 숨겨진 파라미터라고 불렀다)로 결정되어 있는 것이 아닐까? 가령 신이 있다고 한다면 신이 전자의 위치를 결정하기 위해서 주사위를 던지는 것 같은 일이란 있을 수 없다"

불확정성원리에 따르면 신도 주사위를 던져 보지 않으면 전자의 위치를 말할 수 없다는 것이 된다

라고 주장했던 것이다. 신의 주사위에 대해서 좀 더 아인슈타인의 주장을 보충해 보기로 하자. 정십면체라는 것은 없으므로, 주사위 대신 10장의 카드로 해서 그중의 5장에는 A, 3장에는 B, 2장에는 C라고 적혀 있다고 하자. 신에게도 전자의 위치는 확실하지 않다는 것이 보어파의 양자론이다. 그러므로 보어의 견해를 따른다면 신은 '하지만 이 전자의 위치는 나도 알 수가 없는걸. 어디로 할까. 에라, 카드를 뽑아 보자. 아, B가 나왔군. 그래, 이 전자의 위치는 B다'라고 하는 것이다. 그리고 아인슈타인은 전능하신 신이 그런 어처구니없는 제비뽑기를 할 턱이 없다고 강력히 주장했던 것이다. 즉 사실 전자의 위치는

A나 B나 C의 어느 것으로 정해져 있는 것이지만, 인간이 그것을 모를 뿐이라고 생각했다.

보어의 판정승

아인슈타인과 보어의 이 논쟁은 1930년대까지 계속되었고, 아인슈타인이 1933년에 미국의 프린스턴으로 옮겨 간 뒤에도 서신을 통한 논쟁이 벌어졌던 것은 유명한 이야기이다.

그러나 이 논쟁은 그 후의 물리학자들로부터 보어의 판정승으로 인정되었다. 숨겨진 파라미터(즉 인간은 알 수 없는 '결정적인 방법')가 발견되지 않는 한, 보어의 방식으로 해석할 수밖에 없다. 상대론에서는 보이지 않는 매질 에테르를 부정했던 아인슈타인이 이번에는 보이지 않는 변수를 제창한다는 것은 이치에 맞지 않는다는 것이었다. 이리하여 보어에게 판정이 돌아갔지만 그래도 양자론의 기묘함은 계속하여 꼬리를 잇게 된다.

반사반생인 고양이의 모순

양자역학에 관심을 가진 것은 물리학자들만이 아니었다. 이를테면 헝가리 출신 수학자 노이만(1903~1957)은 특히 물리학에서 말하는 관측이란 어떤 의미를 갖는가를 추구하여 1932년 『양자역학의 수학적 기초』라는 책을 썼다. 이것에 의하여 관찰대상(이를테면 전자)과 우리가 그 상태를 안다는 것(구체적으로 말하면 인간의 눈)의 사이에 있는 여러 가지 단계의 기구(器具)가 문제로 등장하게 됨으로써, 생각하면 할수록 양자론의 기초라는 것이 '단순하지 않은 것'이라는 인상을 강하게 했다. 그는 같은 헝가리 출신인 동료 물리학자 비그너와 함께 관측 문제를 연구했는데, 1920년대 베를린에서 공부한 이 두 사람은 모두 독일 나치에게 쫓겨 미국으로 귀화했다.

관측하지 않은 상태는 관측해서 얻어지는 모든 경우를 "동시에 갖추고 있다"라는 제창에 대한 반론으로서(어쩌면 익살로 비유한 예라고 하는 편이 나을지 모르겠다) 슈뢰딩거의 고양이라는 것이 있다. 슈뢰딩거는 양자역학을 풀기 쉬운 파동방정식으로 기술한 것으로 유명한데, 코펜하겐파와는 사상이 조금 다르다. 그는 노이만의 책이 나온 3년 후에 『양자역학의 현황』이라는 제목으로 종합보고서를 발표했다. 그 가운데서 반사반생(半死半生)의 고양이에 관한 이야기를 들고 있다.

방사성 물질이 있다. 이 물질에서 어느 시간 내에 방사선이 나오는 확률이 2분의 1이라고 하자. 방사선이 나오면 곁에 있는 도선에 전류가 통해서 청산가리를 담은 병의 뚜껑이 열리게 되어 있다. 병과 고양이는 같은 상자 안에 들어 있고 바깥에서는 보이지 않는다. 고양이는 청산가리를 마시면 죽어 버린다.

양자론에 따르면 물질이 방사선을 방출했을 것이라는 상태와 방출하지 않았을 것이라는 상태는 반반씩이라고 생각해야 할 것이다. 이것은 양자의 상태를 동시에 갖추고 있어야 하기 때문이다. 그렇다면 고양이는 살아 있는 상태와 죽은 상태가 반반씩이라고 하게 된다. 한 마리의 고양이의 상태를 양자역학에 충실하도록 기술한다면, 삶이 2분의 1이고 죽음이 2분의 1인 합이라고 해야 한다는 기묘한 일이 되어 버린다. 과연 이것으로 되겠는가 하는 것이 슈뢰딩거의 고양이라고 일컬어지는 문제이다.

이것은 곤란한 문제이다. 방사성 물질로부터 복사되는 마이

슈뢰딩거의 고양이의 모순을 해설하는 것은 쉬운 일이 아니다. 오늘날에도 여전히 논의되어야 할 여지가 남겨져 있다

크로한 대상을 고양이라는 매크로한 대상으로까지 가져온 것이 애초에 잘못이라고 말하고 싶지만, 그 과정의 어디가 잘못되어서 이렇게 기묘한 이야기가 되어 버렸을까? 중간의 도선, 병, 고양이가 들어 있는 상자, 그 밖의 여러 가지를 생각해 보아도 명확한 해답은 얻어질 것 같지 않다.

물론 이 문제는 그 후 많은 사람들에 의해서 여러 각도에서 검토되었다. 한 마리의 고양이가 죽어 있기도 하고 살아 있기도 하다는 것은 당연히 비상식적인 이야기이기는 하지만, 그것을 회피하기 위해서 여러 가지 사고방식(이를테면 관찰을 하는 것은 어디까지나 자신이지 남이 아니라는, '자신'을 사색하는 문제)까지 발전해 나갔다.

그러나 슈뢰딩거의 고양이의 모순을 해결한다는 것은 쉬운 일이 아닐뿐더러 그 밑바탕에는 오늘날에도 논의되어야 할 여지가 남아 있다는 것이 온당할 것이다.

18. 디랙의 양전자

동그라미는 입자의 모습, 물결 모양은 파동의 모습

1920년대 중반에 시작된 양자역학은 금방 물리학 속으로 침투해 갔다. 특히 슈뢰딩거에 의한 파동방정식은 수학적으로 비교적 다루기가 쉬웠기 때문에, 전자는 물론 공간을 달려가는 분자에도 적용되었다. 1930년대, 즉 2차 세계대전 전까지 새로운 양자역학(보어의 전기양자역학에 대치되는 것)의 기초가 완성되었다고 할 수 있다.

이를테면 상자 속에 기체 분자가 들어 있다. 보통의 사고방식으로는 분자라는 '입자'가 내부를 달려가고 있고, 그것이 그릇의 안쪽 벽에 탁탁 충돌한다. 이 '충돌'이 기체의 압력이고 입자의 운동 에너지가 절대온도를 나타낸다는 것은 일찍부터 알려져 있었는데, 양자역학에 의하면 기체 분자를 파동처럼 생각해도 된다는 것이다. 그릇의 벽에서 반사한다는 것은 파동에 비유하면 그릇의 벽이 정상파의 마디가 되어야 한다는 결론이 나온다. 그러므로 분자를 파동이라고 간주하면 그 파장은 가장 긴 것이 상자 길이의 2배, 그보다 짧은 것은 가장 긴 것의 2분의 1, 3분의 1, 4분의 1, ……이 된다.

슈뢰딩거가 파동방정식을 해석함으로써 분자의 운동 에너지와 파장의 관계를 알게 되고, 따라서 상자 속에서 달려가고 있는 기체 분자도 그 에너지는 띄엄띄엄한 값밖에는 취할 수가 없다는 결론이 이끌어진다. 생각해 보면 분자가 어떠한 속도로 달려가든 그것은 분자의 임의대로라고 생각할 수 있지만, 양자역학을 실행하면 그렇게는 되지 않는다. 분자의 운동량이나 에너지는 띄엄띄엄한 것으로서 그 중간의 것은 허용되지 않는다. 사실 상자 속의 분자의 경우는 띄엄띄엄한 한 층의 차이가 매우 작아서 에너지 등은 거의 연속이라고 해도 근사적으로는 지장이 없다.

금속 속에는 원자로부터 떨어져 나간 자유전자라는 것이 돌아다니고 있다. 마치 상자 속의 기체 분자와 마찬가지로 금속의 끝에서부터 끝으로 자유분방하게 돌아다니고 있는 것이라고 해석해도 된다. 이 경우의 전자도 금속이라는 상자 속의 정상파처럼 기술할 수가 있다.

분자나 전자를 파동의 형태로 기술한다는 것은 그것의 현재 위치가 확실하지 않다는 것을 말한다. 입자를 동그라미로 표시하면 거기에 입자가 존재한다는 뜻이 되는데, 상자나 금속 등의 속에서 끝에서부터 끝까지 파동의 형태를 그리게 되면 이미 위치 같은 것은 알 수가 없다. 파형인 곳 전부에, 즉 10㎝나 20㎝의 넓은 곳 전역에 걸쳐서 한 개의 입자가 존재한다는 것을 가리키고 있다. 그 대신 파동을 그렸을 경우에는 파장(λ)은 확실하게 기입해야 한다. 파장과 운동량(p)은, $p=h/\lambda$(다만 h는 플랑크 상수)로 관계 지어져 있으므로, 파장이 결정되어 있다는 것은 운동량이 확정되어 있다는 것을 의미하고 있다. 즉 분자나 전자를 작은 동그라미로 그린다는 것은 위치가 확실하다는 것을 가리키는 입자의 모습이며, 물결 모양으로 그린다는 것은 운동량이 확정되어 있는 파동의 모습인 것이다. 어느 한쪽 모습밖에 나타내지 않는다는 것이 바로 하이젠베르크의 불확정성 원리 자체이다.

터널효과와 에사키 다이오드

그런데 자유전자는(자유전자뿐 아니라 모든 전자는) 운동하는 분자와 비교해서 깊은 의미로서는 훨씬 양자론적인 제약이 있다. 스위스의 이론물리학자 파울리는 "전자는 한 가지 상태에서는 한 개밖에 들어갈 수 없다"는 이른바 파울리의 배타원리(排他原理)라는 것을 제창했다. 좀 알기 힘든 학설이지만 요약하면 다음과 같다.

금속 속에서 자유전자의 파동을 생각하면 가장 긴 파장은 한 변의 2배이다. 이것이 하나의 상태이다. 다만 전자에는 스핀이라고 하여 막대자석으로서의 성질이 있고 그 방향에는 상향과 하향의 두 종류가 있다. 그러므로 가장 긴 파장의 상태는 두 가지, 그것의 절반인 파장에도 상태가 두 가지, 3분의 1 길이인 파장에도 상태가 두 가지라는 식으로 생각한다. 상태란 비유해서 말하면 극장의 지정석과 같은 것이다. 한 좌석에는 한 사람밖에 앉을 수가 없다는 것이 파울리의 배타원리라고 생각하면 된다.

그러므로 금속 속의 전자는 긴 파장인 것에서부터 먼저 자리가 차지되고 에너지가 높은 것까지 순차적으로 메꾸어져 간다. 최고의 에너지를 갖는 전자는 극장에 비유한다면 꽤나 높은 층에 자리를 잡게 된다.

금속 속의 자유전자는 금속으로부터 바깥으로 튀어 나가기가 어렵다. 마치 금속 끝에 높다란 장벽이 있는 것과 같은 셈이다. 예를 들어 벽의 높이가 10미터라고 하자. 전자는 배타원리에 의해서 아래에서부터 차례로 채워져 있는, 비유해서 말한다면 사람의 등에 또 사람이 올라서 있는 것과 같은 것으로서 맨 위의 사람은 아래에서부터 7미터쯤에 있게 된다. 그러나 아직도 3미터나 모자란다.

금속 속의 전자의 상태는 비유해서 말하면 극장의 지정석과 같은 것이다. 장파장인 것에서부터 먼저 좌석이 차지되고, 에너지가 높은 것까지 차례로 메꾸어져 간다

양자역학에서는 전자는 파동이다. 유한한 높이의 장벽은 약간은 뛰어넘을 수가 있다. 이 현상을 터널효과라고 한다. 에사키 박사가 터널효과를 실험적으로 확인하여 노벨상을 받았다

고전물리학에서, 즉 자유전자를 입자라고 생각하고 보통의 역학을 적용한다면 이 3미터의 차는 절대로 넘어설 수가 없다. 그런데 양자역학에서는 전자는 파동이다. 금속 속에서 파동 모양으로 되어 있다. 벽의 높이가 무한하다면 이야기가 달라지지만, 파동이라는 것은 유한한 높이의 장벽은 약간은 넘어설 수가 있다. 이 전자는 근소하게나마 장벽을 넘어서 바깥으로 나간다. 이 현상을 터널효과라고 한다.

본래라면 뛰어넘을 수 없을 터인 장벽을 꿰뚫고 나가는 이 터널효과는 금속이나 반도체의 물리학에는 자주 나타나며, 이것을 이용한 전자공학 등이 후에 발달하게 된다. 터널효과란 파울리의 배타원리와 입자의 파동성이라는 두 가지 양자론적인

효과 때문에 생기는 현상이다. 후에 일본의 에사키(江崎玲於奈) 박사가 불순물이 많은 두 종류의 반도체를 접촉시켜, 접촉면의 장애물을 뛰어넘어 전자(또는 전자가 빠져나가는 구멍. 이것을 전공이라고 한다)가 통과하는 현상을 포착하여 터널효과를 확인하고 터널 다이오드(별명: 에사키 다이오드)라는 것을 만들었다. 그는 이 터널효과의 확인으로 1973년도 노벨상을 받았다.

에너지 보존법칙은 깨졌는가?

파울리가 뮌헨대학으로부터 코펜하겐의 보어에게로 갔다는 것은 앞에서 말했다. 양자역학의 발전에서 빼놓을 수 없는 이 학자는 1년간쯤 보어 밑에서 연구하다 그 후 1923~1928년에는 함부르크대학 강사로, 그리고 취리히의 연방 공과대학 교수가 되었다. 1930년대에는 몇 번이나 미국을 방문했고 2차 세계대전 중인 1940~1945년에는 프린스턴 고등연구소의 객원교수로 머물고 있었다. 그러나 전후에는 다시 스위스로 돌아와 만년까지 취리히를 본거지로 삼았다. 원자핵 속에 있는 중성자를 맨몸으로 하여 단독으로 끄집어내어 두면 이윽고 이것이 전자를 방출하여 양성자로 바뀐다. 이때 최초의 중성자의 에너지와, 변환한 후의 양성자와 전자의 에너지를 합산한 것은 수치가 일치하지 않는다. 물리학자들은 매우 난처하게 되었고, 보어 등은 이 반응에서는 에너지 보존법칙이 성립되지 않는 것이 아니냐고 말하기 시작했다. 그러나 파울리는 '에너지의 보존법칙'이라는 자연계의 대원리가 깨질 리가 없다는 신념 아래 연구를 계속하여, 결국 중성자는 양성자와 전자, 또 하나의 중성미자(뉴트리노)라는 것이 된다고 제안했다. 이리하여 에너지 보존법칙으로부터 생각된 뉴트리노는 현재의 소립자론에는 없어서는 안 될 중요한 입자가 되었는데, 이것을 최초에 예측했던 사람이 파울리였다. 그는 1945년도에 파울리의 원리(배타원리)로 노벨상을 받았지만 뉴트리노에 대한 연구도 잊어서는 안 된다.

다만 그는 물리학계에서도 입이 험하기로 유명했던 것 같다. 새로운 발견, 참신한 이론 또는 가설에 대해서 그는 신랄한 비판과 빈정거리는 비평을 서슴지 않았다. 그 때문에 새로운 아이디어가 싹도 트지 못하고 짓밟혀 버리는 일도 있었다고 한다. 일본의 물리학자들 사이에서도 "저렇게 밉살스런 사람은 없다"는 말이 속삭여지고 있었다고 한다.

디랙, 양전자를 예언

슈뢰딩거의 파동방정식이 완성됨에 이르자 전자의 상태를 공간(x, y, z)과 시간(t)을 변수로 하는 미분방정식이 완성되었다. 그런데 그 식은 공간에 대해서는 이계 미분, 시간에 대해서는 일계 미분이라고 하듯이 '차별'이 있다. 당시(1928년경)는 이미 아인슈타인의 상대성이론이 물리학 속에 뿌리를 내리고 있었다. 요컨대 자연은 궁극적으로는 공간과 시간을 동등한 입장에서 보아야 한다. 그럼에도 불구하고 차별을 둔다는 것은 편파적인 처사이다.

이 점에 착안한 영국의 물리학자 디랙은 전자를 기술하는 수식을 검토했다. 양자역학에 특수상대론을 고려한다는 20세기 신물리학의 두 기둥을 결합했던 것이다. 그는 상대론에 입각하여 수식을 정리했다. 그리고 전자의 에너지를 계산했다. 그런데 그 식으로부터 이끌어진 결과는 플러스의 에너지와 함께 마이너스의 에너지도 나오는 것이었다. 비유를 들어 말하면 $x=1$을 만족하는 x는 당연히 1뿐이지만, $x^2=1$의 형태가 되면 $+1$과 -1의 쌍방이 해(解)로서 나오게 되는 것과 같은 일이다. 디랙은 마이너스의 에너지에도 의미가 있는 것이 아닐까 하고 생각했다. 그리하여 그는 다음과 같은 결론을 얻었다.

공간은 마이너스 에너지의 전자로 충만해져 있다. 다만 어디든 간에 모두가 그 전자로 가득 차 있다면 우리는 마이너스 전자의 존재를 확인할 수가 없다. 그러나 어떤 일로 해서 공간에 에너지가 달려가고(이를테면 $h\nu$가 큰 전자기파), 그 에너지를 마이너스 전자에 주게 되면 마이너스 전자는 플러스의 전자로 바뀐다. 전자의 질량을 m, 광속도를 c라고 하면 플러스 전자의 에너지는 상대론적으로 mc^2이기 때문에, 공간에 $2mc^2$의 광자가 달려가면 마이너스 전자를 플러스로 올릴 수가 있다. 여기서 보통의 전자(물론 전하는 마이너스)가 한 개 만들어졌다.

그런데 또 하나, 지금까지 마이너스 전자가 있던 장소는 '빈자리'가 되어 버렸다. 이 '빈자리'는 주위와는 다르다. 주위와 비교하여 에너지는 mc^2만큼 많고, 또 거기서부터 마이너스의 전하가 뛰어나갔기 때문에 '빈자리'는 플러스의 전하를 가져야 한다. 디랙은 이 '빈자리'를 마치 입자처럼 생각하고 이것을 반전자(反電子) 또는 양전자라고 불렀다.

제창 당시는 약간 기묘하게 생각되었던 이 입자는 현재 소립자의 일원으로서 그 행동이 충분히 연구되어 있다. 소립자 또는 쿼크에는 반드시 반입자(反粒子)가 존재한다는 것은 현재는 상식이지만, 디랙에 의한 양전자의 이론적 예언은 전자의 방정식을 해석한 2년 후인 1930년에 이루어졌다.

사실 그동안에도 마이너스 에너지의 전자가 존재한다는 데에 대해서 디랙은 크게 고민했던 것 같다. 이를테면 그것에 힘을 작용시키면 힘과는 반대 방향으로 가속하게 된다. 어쩌면 이렇게도 청개구리 같은 것인가 해서 한때 이것은 노새 전자라는 이름이 붙여지기도 했다.

그러나 그로부터 2년 후인 1932년에 미국의 앤더슨이 우주선(宇宙線) 속에서 양전자를 발견하여 디랙의 설이 확고부동한 것임을 제시했다. 디랙은 1933년에, 앤더슨은 1936년에 각각 노벨상을 받았다.

파울리도 디랙도 모두 양자물리학의 일인자이지만 그들을 맞이하여 코펜하겐의 자유로운 공기를 만끽하게 한 보어의 위대함을 잊어서는 안 될 것이다.

19. '제2양자화'의 완성!

전기장이나 자기장은 어떻게 될까?

1920년대 말부터 1930년대 초에 걸쳐서 양자역학은 확고한 기초를 구축하는 동시에 한층 발전한 방향으로 나아갔다. '발전한 양자역학'을 알기 쉽게 말한다면 다음과 같다.

고체 속에 정연하게 늘어서 있는 원자는 진동을 하고 있는데, 그 에너지는 $h\nu$의 정수 배로서 '숫자가 남는 어정쩡한' 값으로는 되지 않는다. 또 상자 속의 기체 분자나 금속 속을 자유로이 움직이고 있는 전자는 양단에서 되튕기는 파동처럼 생각해도 된다. 그리고 원자 속의 전자는 보어의 모형과 같은 공전궤도가 아니라 파동의 상태(파동함수)로서 기술되고 그 에너지가 결정된다. 요컨대 작은 입자의 '행동'이 양자론이라는 새로운 방법에 따라서 지금까지의 고전적인 생각 대신 개혁적인 기술 방법이 된 것이다. 역학이 양자화(양자역학으로서 정통적으로 기술하는 것)되었다는 것이 된다.

그런데 물리학 가운데는 역학과 더불어 전자기학이라는 큰 분야가 있다. 전자기학의 경우에는 전기장(E)이나 자기장(H) 같은 것이 문제가 된다. 입자의 위치나 속도를 조사하는 것이 아니라 공간 전체를 관찰하여 이 부근의 전기장은 얼마인가, 저 근처의 자기장값은 어떻게 되어 있는가를 기술해야 한다. 역학에서는 '물체의 운동'을 조사하면 되었으나 전자기학에서는 '공간의 성질'을 대상으로 해야 한다. 눈에는 보이지 않지만 공간에 존재하는 전기장이나 자기장을 양자론이라는 메스를 가하지 않고 그대로 방치해 둘 수는 없다.

빛은 앞에서도 말했지만 원자 속의 전자로부터 튀어 나오고 또 전자에 의해서 흡수된다. 이 '메커니즘'을 생각하는 데에 있어서, 전자 쪽은 양자론으로써 깔끔하게 정리되어 있는 데 비해 빛 쪽은(빛도 물론 진동하는 전기장이나 자기장의 일종이다) 옛날 그대로의 고전파동론이어서는 불편하다. 확실히 빛은 이미 1905년에 입자(즉 광자)로서의 이미지가 부여되어 있지만, 이쪽도 양자역학의 정통적인 절차를 밟아서 수식화되어야 한다. 분자나 전자 등의 작은 입자에 이어서 공간을 양자화하는 문제가 대두되었다.

공간의 양자화

보어에게 가르침을 받은 독일의 하이젠베르크와 스위스의 파울리는 공동으로 이 문제에 착수했다. 점(역학에서 말하는 질점, 質點)의 양자화는 이미 완성되어 있었다. 이번에는 공간을 재검토해야 한다. 공간은 연속적이며 동시에 한 점뿐만 아니라 모든 부분의 상태를 기술할 필요가 있다. 두 물리학자는 공간을 작은, 그리고 매우 많은 구역으로 나누었다. 그 작은 하나하나의 구역에 기존의 양자역학을 적용해 나갔던 것이다.

인쇄물에 실린 사진 등은 보기에는 연속적인 그림이지만 자세히 조사해 보면 점의 집합인 것으로서, 진한 곳은 점이 크고 연한 부분은 점이 작게 되어 있다. 이와 같은 사고방식에서부터 출발하는 것이라고 생각하면 된다. 고등학교 수학에서 적분을 배울 때 연속곡선의 아래쪽 면적을 구하는 데에, 처음에는 세로로 길쭉한 직사각형의 집합이라 하고 그 폭을 무한히 세분한 것이 적분이라고 설명하고 있다(이른바 구분구적법). 처음부터 연속이라고 하기는 어렵기 때문에 하나하나의 영역으로 분할한 다음에 극한을 생각하는 것인데, 공간의 양자화도 같은 방법으

하이젠베르크와 파울리는 공간을 작고, 매우 많은 토막으로 나누었다. 그 작은 하나하나의 구역에 기존의 양자역학을 적용시켜 갔던 것이다

로 하여 훌륭하게 성공했다. 전기장이나 자기장을 양자역학적으로 정리한 것을 제2양자화(第二量子化)라고 부르며, 그 논문은 1929년 독일의 물리학회지 『Zeitschrift der Physik(물리학보)』에 발표되었다. 이것을 기초로 하여 이후 20년쯤 사이에 전자와 광자의 상호작용에 대한 이론적 연구가 크게 진보하게 된다.

제2양자화의 완성과 더불어 공간의 상태(장의 국소적인 변화)=입자라는 방식이 성립되고, 이것에 의해서 1934년 일본의 유카와(湯川秀樹) 박사에 의한 중간자의 예언을 시작으로 2차 세계대전 이후의 소립자가 잇달아 발견되는데, 여기서는 우선 1930년대의 보어의 신변에 대해서 좀 더 살펴보기로 하자.

물리학의 중심지 코펜하겐

코펜하겐은 1차 세계대전과 2차 세계대전 사이의 시기에는 세계 물리학의 중심지였다. 보어는 국적에 관계없이 전도유망한 물리학자를 한 번씩은 이곳으로 초빙했다. 덴마크에는 19세기 전반에 전자기의 연구로 유명한 외르스테드(1777~1851)라는 물리학자가 있었는데 그의 이름을 따서 만든 외르스테드 장학금 제도가 있었고, 코펜하겐으로 찾아오는 젊은 학자들에게 보어는 이 장학금을 아낌없이 제공했다. 이를테면 러시아 출신으로 후에 미국 국적을 얻은 가모프(1904~1968)도 1928~1931년 사이에 보어 밑에 있었다. 후에 그는 우주를 처음으로 논하고 대폭발(Big Bang)을 제창하게 된다.

만약 사회 정세와 국제 정세가 평온했었더라면 덴마크의 이론물리학 연구소는 더 오랫동안 물리학의 중심으로서 번영했을 것이라고 생각되는데, 잘 알려져 있다시피 1930년대가 되자 정세가 험악해졌다. 특히 독일에서 그 조짐이 치열했고 당연히 이웃 나라인 덴마크도 그 여파에 휩쓸리게 된다.

1차 세계대전 후의 독일은 안으로는 분쟁으로 붐비고 있었으나, 어쨌든 바이마르 헌법 아래서 민주적인 의회정치가 운영되고 있었다. 그러나 1929년 가을, 미국의 주식거래소에서 발단된 경제적 대공황은 삽시간에 온 세계를 불경기의 나락으로 떨어뜨려 놓고 말았다.

불경기뿐이라면 이론물리학 연구소는 그다지 큰 타격을 받을 것이 없다. 곤란하게도 이웃의 패전국 독일에서는 엄청난 인플레이션이 진행되면서 실업자가 거리로 넘쳐흘렀다. 베르사유 조약으로 입은 타격에 이 불황이 겹치자 독일인들은 새로운 정책을 갈망하게 되었다. 이 인심의 동요를 교묘하게 포착하여 국가사회주의 독일 노동정당이라는 긴 이름의 정당이 비약적으로 불어났다. 통칭 나치라 불리며 당수를 히틀러로 하였다. 적극적인 경제정책을 내세울 뿐이라면 그런대로 좋다고 하겠으나, 사회주의라고 말은 하면서도 이 정당의 본질은 파시즘이었고 더구나 반(反)유태주의였다.

학자와 연구자 중에는 유태인이 많다. 보어는 독일의 과학자를 구조하기 위해 표면상으로는 대학 및 연구소의 시찰이라는 명목 아래, 여러 번 독일로 가서 나치의 대두를 살피며 돌아다녔다. 그러고는 뜻있는 덴마크 사람들과 더불어 지식인 망명자를 지원하는 위원회를 만들어 그들이 중립국으로 건너간 후의 직업 알선 등에 힘을 썼다.

실의에 빠진 보어를 격려한 덴마크 국민

보어의 개인적인 이야기이지만, 1934년 그는 19세의 장남을 잃었다. 크리스티안이라는 이름의 이 청년은 친구와 둘이서 요트를 즐기면서 해상을 달려갔다. 발트해의 출구에 해당하는 카테가트 해협의 날씨는 변화가 심했고 돌풍에 휘말려 배가 전복한 채 그대로 영영 돌아오지 않았다.

이 무렵부터 보어의 머리에는 눈에 띄게 백발이 늘어났다고 한다. 이듬해인 1935년 10월 7일 그는 50세의 생일을 맞이했다. 이때 덴마크 국민들은 이 세계적인 학자를 진심으로 축하하며 돈을 모아 10만 크로네를 만들어, 이것으로 반 그램의 라듐을 사서 이론물리학 연구소에 기부했다. 장남의 횡사와 국민의 축복 등으로 보어는 감수성이 예민해지면서, 50세를 경계로 여태까지의 씩씩하던 스타일에서 약간 구부정한 자세의 사색적인 타입으로 바뀌어 갔다. 한편 그의 연구소 곁에 수학 연구소가 세워지고 동생 하랄이 소장으로 취임했다. 이론물리학과 수학 연구소가 나란히 세워지는 일은 국제적으로도 많은 것 같다.

또 보어 일가는 이로부터 2년 후인 1937년 미국 여행을 하고, 태평양을 건너 일본에 방문해서 각지의 환영을 받았다. 전에 코펜하겐에서 6년간이나 머물고 있었던 니시나(1890~1951)가 통역을 맡았다. 보어는 일왕도 만났다. 일본의 명소인 닛코(日光)를 찾아 일본의 풍경을 만끽하기도 했다. 그는 다시 중국으로 건너가 상하이, 난징, 항저우 등에서 청조(淸朝) 시대의 묘탑(廟塔)과 호수 등을 둘러보며 그 아름다움에 넋을 잃기도 했다. 이렇게 동양의 아름다움에 젖은 후 시베리아 철도를 타고 모스크바와 레닌그라드에 가서 강연을 한 뒤 덴마크로 돌아갔다.

원자 변화의 발견

보어가 세계 각지의 대학에서 강연한 내용은 '원자핵의 변환'이라는 제목이 많았다. 러더퍼드와 보어에 의해서 처음으로 밝혀진 원자의 실체는 그 무렵까지는 일반에도 꽤 알려져 있었다. 원자를 안다는 것은 곧 원자핵 주변 전자의 상태가 이해되었다는 것이다.

그러나 중심에 있는 원자핵이 도대체 어떻게 되어 있는가 하는 것에 대해서는 당시로서는 완전히 수수께끼였다. 보어의 강연은 이 가장 새로운 부분으로 파고드는 것이었다.

원자핵 속에 양성자가 있다는 것은 일찍부터 알고 있었다. 그런데 양성자와 같은 정도의 무게로서 전기를 갖지 않는 중성자가 1932년 영국의 채드윅(1891~1974)에 의해서 발견되었다. 같은 해에 앤더슨에 의해서 양전자도 발견되었고, 미국의 화학자 유리는 중수소를 발견했다. 이것은 변칙적인 수소 원자핵으로서 보통의 것은 양성자 1개뿐인데, 이것은 양성자 1개와 중성자 1개로써 이루어져 있다. 중수소도 전자는 1개밖에 없으나 전자의 무게는 양성자나 중성자와 비교하면 2,000분의 1밖에 안 된다. 따라서 중수소 원자는 보통의 수소 원자보다 2배나 무겁다.

같은 해 1932년, 영국의 콕크로프트(1897~1967)는 제자인 월턴의 협력으로 양성자를 일정한 방향으로 달려가게 하는 장치를 만들었다. 이 기계로 만들어진 양성자 빔을 리튬 원자에 (정확하게는 그 원자핵에) 충돌시켰더니 리튬이 파괴되어 2개의 헬륨 원자핵이 생성되는 사실을 발견했다.

분자를 바꾸는 것은 화학 변화라고 불리는데, 이번에는 원자를 다른 것으로 만들어 버린 것이다. 화학 변화에서 나오는(또는 변화를 일으키게 하는 데 필요한) 에너지를 생성열(生成熱)이라고 하는데, 원자 변화의 경우에는 생성 에너지라고 부른다. 그리고 화학 변화 때의 에너지는 수 일렉트론볼트(전자볼트, eV) 정도지만, 화학 변화의 에너지는 그것의 100만 배 이상이나 된다. 사실 양성자와 리튬 핵의 반응에서는 1700만 이상의 에너지가 방출된다.

이것을 시작으로 빠른 양성자, 중성자 등을 작은 원자(이를테면 베릴륨, 붕소, 탄소 등)에 충돌시켜서 원자를 다른 것으로 변환하는 실험이 연달아 이루어졌다. 이것을 원자핵의 인공전환이라고 하며 화학 변화와는 본질적으로 다른 것이다.

그로부터 2년 후인 1934년에 퀴리 부부는 헬륨 원자핵의 흐름〔이것을 알파(α)선이라고 한다〕을 다른 물질에 충돌시켰더니, α선을 제거한 후에도 충격을 받은 물질로부터 계속해서 방사선이 나오는 사실을 발견했다. 천연의 라듐 등 이외에도 인공적으로 방사성 물질이 만들어진 것이다. 이렇게 되자 연쇄적으로 핵반응을 일으키는 등의 현상이(또는 물질이) 존재해도 이상할 것이 없다고 물리학자와 화학자들은 생각하게 되었다.

20. 누가 원자핵 분열의 발견자인가?

잇따르는 두뇌 유출

양자론이 물질을 작게 분해해 나간 궁극 요소인 소립자의 연구에 도달하게 된다는 것은 필연적인 일일 것이다. 그리고 일단 원자 내의 전자의 상태를 알게 되자, 물리학자와 방사선화학 연구자들은 원자핵으로 눈을 돌리기 시작했다. 이쪽은 엄청나게 큰 에너지를 필요로 하기 때문에 그 나름의 장치가 만들어지고 있었다.

이 무렵, 이탈리아에서는 무솔리니를 수상으로 하는 파시즘 정권이 확립되었고, 독일에서는 히틀러가 거느리는 나치가 천하를 장악했다. 유럽의 풍운은 매우 험악해지고 있었다.

이탈리아인 페르미는 부인이 유태인이라는 이유도 있었지만 극단적으로 파시즘을 혐오하고 있었다. 보어는 그에게 국외로 탈출하라고 권했다. 1938년, 페르미는 '중성자의 충격에 의해서 만들어지는 새 방사성 원소의 연구와 열중성자(熱中性子)에 의한 원자핵 반응의 발견'이라는 업적으로 노벨상을 받게 되었다. 그는 이 상을 받으러 간다는 명목으로 그의 일가족을 거느리고 이탈리아로부터의 탈출에 성공한다. 얼마 동안을 코펜하겐에 머물러 있다가 이윽고 부부와 두 아이들, 유모를 포함한 일가족은 미국으로 건너간다. 그가 후에 미국의 시카고에서 거대한 원자로를 만들게 되리라고는 무솔리니도 미처 생각하지 못했을 것이다.

페르미는 이탈리아인이었지만, 이보다 앞서 독일의 유태인 배척에 견디다 못한 수많은 학자들이 미국으로 건너가 있었다. 1933년의 아인슈타인 등은 그 대표적인 예라 할 것이다. 방사선화학자인 헤베시(1885~1966, 1943년 노벨 화학상 수상) 등은 보어의 주선으로 스웨덴으로 옮겨 가서 후에 스톡홀름대학의 교수가 되었다.

독일은 두뇌 유출이 잇따랐지만, 그래도 많은 물리학자와 화학자가 남아서, 원자핵과 핵으로부터 나오는 방사선의 연구에 종사하고 있었다. 그 대표적인 사람에 한(1879~1968)이 있었다. 카이저 빌헬름 연구소의 화학부원으로, 그는 동료인 물리학자 마이트너(1876~1968)와 더불어 1918년에 91번 원소인 프로트악티늄(Pa)을 발견했다.

1930년대 후반이 되자 화학원소는 대부분이 발견되었고, 학자들의 관심은 핵반응과 동위원소(양성자의 수가 같고, 중성자의 수가 다른 원소)로 돌아갔다. 양성자 이외에도 중성자를 원자에 충돌시키는 기술이 진보했다.

우라늄에 중성자를 충돌시키면?

가장 무거운 우라늄(U, 92번) 원소에 중성자를 충돌시키면 어떻게 될까 하는 것이 많은 학자의 관심을 끌었다. 미국으로 건너간 페르미는 중성자를 우라늄 원자에 충돌시켜 보았다. 무엇인지는 몰라도 묘한 물질이 만들어졌는데 도무지 그 정체를 알 수 없었다. 이론적으로 말한다면 93번이나 94번의 원소가 생성되어도 될 것이었다. 페르미에게는 진정 애석한 일이었지만 그의 추궁은 여기서 그치고 말았다. 그 묘한 물질이란 아마도 91번 원소인 프로트악티늄일 것이라고 생각되었던 것이다.

독일의 한과 마이트너도 같은 실험을 시도해 보았다. 그리고 생성된 물질이 무엇인지 화학적으로 자세히 조사해 보았다. 그들은 프로트악티늄을 첨가하여 분석했다. 그러나 새 물질은 이것을 따라오지 않았다. 이것은 곧 91번 원소가 아니라는 것을 말했다. 그들은 또 그것이 토륨(Th, 90번)이나 악티늄(Ac, 89번)의 동위원소가 아니라는 것도 확인했다. 화학자 노다크가 이 새로운 물질을 '초(超)우라늄 원소'라고 부르기로 하자고 제안했으나 그의 의견에 귀를 기울이는 사람은 별로 없었다.

이 무렵 파리의 J. C. 퀴리도 90번 원소인 토륨을 사용하여 마찬가지 실험을 했다. 아무래도 새 물질 속에는 란타넘(La, 57번)이 있는 듯하다는 생각이 들었지만, 어디까지나 '있는 듯하다'라는 추측의 범위를 벗어나지 못했다. 이와 같이 하나의 획기적인 발견이 이루어진 뒷면에는, 애석하게도 그 일보 직전에서 끝내 발견에 실패하고 만 수많은 학자가 있다는 사실을 잊어서는 안 될 것이다. 사실 이 핵분열의 발견에는 '실패했던' 페르미나 퀴리만 하더라도 다른 분야에서는 큰 업적을 남겨 놓기는 했지만…….

마이트너가 유태인이기 때문에 독일로부터 탈출한 것도 이 무렵이다. 그녀는 스웨덴의 스톡홀름으로 건너가 조카 프리슈와 함께 다시 방사선화학의 연구에 몰두했다. 프리슈는 보어와 친교가 두텁고 몇 번이나 코펜하겐을 찾아가서 원자핵에 관한 여러 가지 문제에 대해서 토론을 나누고 있었다.

2개로 갈라진 우라늄 원자핵

한편 마이트너를 잃은 한은 슈트라스만과 함께 연구를 계속했다. 우라늄에 중성자를 충돌시켜서 생성되는 초(超)우라늄 원소의 침전물에 바륨(Ba, 55번)을 섞자 함께 떨어졌다. 즉 수수께끼의 물질은 바륨이거나 이것과 화학적으로 완전히 유사한 라듐(Ra, 88번)이어야만 했다. 그런데 자세히 조사해 보니 라듐일 가능성은 거의 없었다.

한은 이 실험에 관한 상세한 경과를 곧 스톡홀름에 있는 마이트너에게 알렸다. 1938년 말의 일로, 이해에 독일은 이미 오스트리아를 병합하고(3월) 뮌헨 회담에서 체코슬로바키아의 일부를 할양받았고(9월), 또 극동에서는 중일전쟁이 장기화되어 일본의 1차 고노에(近衛文磨) 내각이 붕괴 직전에 있었다.

마이트너는 한의 편지를 받자, 조카 프리슈를 불러들여 바로 계산에 착수했다. 두 사람은 이틀간에 걸쳐서 이 문제를 검토했다.

원자핵이 분열한다는 사실은 잘 알려져 있었다. 그러나 양성자나 중성자 또는 알파(α) 입자(양성자 2개와 중성자 2개의 덩어리)의 직격을 받은 원자핵은 근소하게 원자번호가 다른 것으로 변화하거나 약간 질량이 작은 핵으로 변화하는 것이 보통이다.

또 큰 원자 중에는 자연적으로 붕괴해서 다른 핵으로 바뀌는 것이 있다. 라듐, 토륨, 악티늄이 그 세 가지 계열이다. 사실 퀴리는 인공적으로 방사성원소를 만들어 내었지만, 이것 역시 자연의 법칙을 좇아서 붕괴해 간다.

그런데 한의 실험에서는 어떠했던가? 92번 원소인 우라늄이 56번의 바륨이 되어 버린다. 거의 2개로 딱 갈라진 것이다. 이런 과격한 이야기라곤 여태까지 들어 본 적이 없다. 당연히 방대한 에너지가 방출되고, 그 에너지로 인하여 연쇄반응이 일어나리라는 것은 충분히 생각할 수 있다. 마이트너는 곧 상대성이론의 식인 $E=mc^2$로부터 계산하여 이때의 에너지가 2억 전자볼트(eV)가 된다는 것을 확인했다.

그것은 조용한 반응이 아니라 대폭발

핵반응은 일찍부터 알려져 있었지만 왜 우라늄의 경우에는 그렇게도 놀라워하느냐고 독자 여러분은 의문을 가질지 모른다. 이것을 알기 쉽게 화학반응의 예에 비유해 보자.

공중에는 산소 분자가 있다. 산소는 철과 화학반응을 하고 그 표면은 산화철이 된다. 그러나 이 반응은 그다지 놀랄 만한 일이 못 된다. 철이 녹슬게 되는 것은 재료적으로는 곤란한 일이지만, 이 화학반응의 생성열 때문에 주변이 뜨거워져서 곤란하다든가, 또는 생성열을 이용해서 난방을 한다든가 하는 등의 이야기는 들어 본 적이 없다. 조용한 화학반응은 고작해야 단순한 물질의 변화로서만 연구 대상으로 삼는 정도의 것이다.

그런데 여기에 산소와 수소(분자의 수가 산소의 2배) 분자가 있다면 어떻게 될까? 가만히 조용하게만 있는다면 아무 일도 일어나지 않을지 모르지만, 자칫 불꽃이라도 일게 된다면 큰일이다. 대폭발을 한다. 터무니없는 화학반응을 일으킨다. 하지만 이것을 교묘하게 제어한다면 예컨대 도시가스처럼 크게 쓸모가 있다.

기존의 화학반응은 철의 부식 등과 같은 것이었다. 그런데 한과 슈트라스만은 이것의 대폭발 쪽을 발견했던 것이다. 큰 핵이 거의 둘로 딱 갈라진다는 것은 그것을 말하고 있다. 지금에 와서야 밝혀지게 된 일이지만, 92번 원소인 우라늄은 30번의 아연에서부터 63번의 유로퓸에 이르기까지 여러 가지 핵으로 갈라진다.

마이트너와 프리슈는 자기들이 한 계산에 착오가 없는 것을 확인하자 크게 당황했다. 프리슈는 곧 코펜하겐에 있는 보어에게로 달려갔다. 보어는 19세의 아들 에릭과 함께 막 미국으로 출발하기 직전이었는데, 프리슈의 이야기를 듣자 크게 놀라는 동시에 자연현상은 이론적으로 예상할 수 있게 되어 가고 있다는 사실에 새삼 감동했다.

보어는 배에서 마이트너와 프리슈가 한 계산을 다시 확인해 보았다. 그리고 핵반응이 틀림없이 일어난다는 사실을 인정했다. 약간의 흥분 상태에 있던 그는 배 안에서 같은 물리학자인 로젠펠트에게 이 사실을 말했다.

발견의 영예는 누구에게?

그러나 여기서 약간의 문제가 발생했다. 과학사상의 발견은 당연하게도 그것을 누가 성취했는가 하는 것이 큰 문제가 된다. 최초에 발견한 사람의 공적은 매우 크다. 핵분열의 이야기는 배가 뉴욕에 닿자마자 금방 로젠펠트의 입에서 새어 나가고 말았다. 보어는 당혹했다. 이 실험을 혹시 다른 학자가 즉석에서 실시하여 그 영예를 빼앗아 가 버릴지도 모른다. 요컨대 최초에 발표하는 사람이 승리자가 되는 것이다. 이렇게 되면 이 세기적인 대발견의 영예는 누구에게 돌아가게 될 것인지 짐작조차 할 수 없게 된다.

로젠펠트는 자신의 경솔함을 사과했고 이후 그와 보어는 입을 다물고 있었다. 마이트너와 프리슈의 논문이 완성되기를 기다리고 있었던 것이다.

1939년 1월, 미국의 이론물리학회에서 독일의 과학 잡지 『Naturwissenschaften(자연과학)』을 보고 보어는 깜짝 놀랐다. 우라늄이 분열하여 바륨이 생성되었다는 것이 한에 의해서 시사되고 있었다. 보어는 친구 프리슈에게 그 영광이 돌아가기를 바라고 있었던 것 같았으나, 발견자인 한이 발표한 것이라면 그것은 그런대로 당연한 일이라고 다시 생각했다.

그러나 이 잡지가 발행되자 저널리스트는 보어에게로 밀어닥쳤다. 그는 발견자는 한과 슈트라스만이지만, 그것을 입증한 것은 마이트너와 프리슈라는 점을 강조했다. 그러나 한과 슈트라스만의 명성은 떨쳐졌지만 프리슈의 이름은 묻히고 말았다. 페르미가 라디오에서 강연을 했는데, 이때도 마이트너와 프리슈의 이름은 들을 수가 없었다. 보어는 기를 쓰고 프리슈의 공적을 말했지만 별 효과가 없었다. 로젠펠트는 "보어는 이해하기 힘들 정도의 열성으로 마이트너와 프리슈의 공적을 설명하고 다녔다. 아마 그 자신에 관한 일이었더라면 저토록 기를 쓰고 덤비지는 않았을 터인데도……"라고 말했다. 하지만 현재도 '원자핵분열의 발견'에 대한 노벨 화학상은 1944년 한에게 주어져 있고, 유감스럽게도 협력자의 이름은 찾아 볼 수 없다.

그해(1939) 3월 16일, 재빠르게도 페르미와 헝가리 출신 질라드는 중성자의 연쇄반응에 관한 실험 보고서를 작성했다. 누가 발견했는가 하는 것도 중요한 일이지만, 그보다 국제 정세가 급변하여 그런 물질이 정말로 만들어질 수 있는지 어떤지 하는 것으로 시야가 바뀌었던 것이다.

21. 양성자와 중성자를 잇는 '공'이란?

양성자와 중성자는 왜 핵 속에서 단단히 결합해 있는가?

2차 세계대전 직전에 원자핵분열의 연쇄반응에 관한 위협이 문젯거리로 등장하고 있었는데, 물리학자들은 그 전부터 핵의 이론적 연구에 힘을 쏟고 있었다. 그리고 핵 주위의 전자에 대해서는 대부분의 일이 양자역학에 의해서 해결되었다.

전자의 상태에 관한 상세한 사항들, 이를테면 원자가 강한 자석 사이에 있을 때는 전자의 상태가 근소하게나마 변화한다는 것이나, 전자와 전자 또는 전자와 원자핵 사이의 미묘한 자기적 관계 등 아직도 상세한 부분에는 연구의 여지가 남아 있었다. 그것들에 대한 차분한 연구가 이루어져 간 것은 물론이지만, 보다 큰 관심거리는 원자핵이었다.

양성자와 중성자는 이미 발견되었고 그것들이 뭉쳐진 것이 원자핵이다. 헬륨(He)에서는 양성자 2개와 중성자 2개, 탄소(C)에서는 양성자 6개와 중성자 6개가 있다. 그 밖에 92종류나 되는 원자에 대해서도 핵을 구성하는 양성자와 중성자의 개수를 알고 있다. 우라늄(U)이라는 자연계의 최대 원자는 양성자 92개, 중성자 146개로 합계 238개로 되어 있다. 그런데 세상에는 양성자의 수는 같으면서도 중성자의 수만 다른 원자의 짝도 있다. 이것을 동위원소(아이소토프)라고 부르며, 중성자의 수가 보통과 다른 것은 대부분 방사능을 갖는다.

그리고 우라늄 중에 중성자의 수가 143개(양성자와 합해서 235개)인 것이 약간이나마 존재하고, 이 특정 원자만을 어떤 방법으로 대량 모아서 덩어리로 만들면 대폭발을 일으키게 되는 것이다. 그 위력은 화약과 같은 화학변화에 견줄 바가 아니다. 그렇기 때문에 한의 연쇄반응 발견 이래 이 과학상의 발견이

어처구니없는 큰일이 되지 않아야 할 텐데 하고 학자들이 애를 쓰게 되었던 것이다.

그러나 이것을 뒤집어 생각해 보면, 핵 속에서 양성자와 중성자가 왜 단단하게 결합해 있는가 하는 중대한 문제에 직면하게 된다. 양자역학으로 전자의 행동은 설명할 수 있었는데, 핵 속의 힘〔이것을 핵력(核力)이라고 한다〕도 해결하고 싶다. 핵분열을 발견하기 이전에 이미 핵력의 문제는 물리학의 최첨단적인 연구 중 하나가 되어 있었다.

핵력을 해결하기 위해서는 당연히 양성자와 중성자에 눈을 돌려야 한다. 양성자도 중성자도 전자의 1,800배나 더 무겁다. 더 정확하게 말한다면 양성자는 1,836배이고, 중성자는 그보다 약간 무거워서 1,839배이다. 아인슈타인의 상대성이론에 따르면 질량이야말로 에너지 그 자체이며, 중성자는 양성자와 비교하여 근소하게 에너지가 크다고 할 수 있다. 에너지가 높은 것이 에너지가 낮은 상태로 떨어지려 하는 것은 자연계의 관습이다. 사실 중성자를 맨몸으로 드러내 놓으면 16분 정도 만에 그 절반이 양전기를 갖는 양성자가 되어 버린다. 이때 음전기를 갖는 전자를 방출하기 때문에 전기적으로는 모순이 없다. 이 현상을 베타(β)붕괴라고 부르고 그 이론적인 연구가 1930년 이후 페르미에 의해서 이루어졌다.

물질 속을 관통해 버리는 뉴트리노

이 베타붕괴에 대해서는 당시 물리학자 또는 방사선화학자 사이에서 물의가 빚어졌다. 즉 최초에 존재하는 중성자의 질량을 $E=mc^2$의 식으로써 에너지로 환산한다. 그래서 붕괴 후의

베타붕괴의 전후에서 중성자의 에너지와 양성자와 전자의 에너지의 합계가 같아지지 않는 것은 어째서일까? 붕괴 후가 약간 적다.
보어는 베타붕괴와 같은 특수한 현상에서는 에너지 보존법칙이 성립하지 않는 것이 아닐까 하고 말하기 시작했다

양성자와 전자의 질량으로서의 에너지와 튀어 나가는 전자의 운동 에너지를 합산하더라도 앞선 중성자의 에너지와는 같아지지 않는다. 붕괴 후의 에너지가 적은 것이다. 이것은 곤란한 일이다. 궁리 끝에 보어는 "베타붕괴와 같은 특수한 현상에서는 에너지 보존법칙이 성립하지 않는 것이 아닐까" 하는 말을 하기 시작했다.

그러나 자연계 일반에서 천체의 규모가 큰 경우에도, 전자나 양성자-중성자와 같은 작은 세계에서도 '에너지의 값은 불변한다'고 믿고 싶다. 거기서 페르미는 베타붕괴에서는 중성자가 형태를 바꾸어, 양성자와 전자와 중성미자(中性微子, 뉴트리노)가 되는 것이라고 했다. 이 이론에 의해서 에너지적으로도 모순 없이 중성자가 양성자로 변화하는 것을 설명할 수 있었다. 다만 이 뉴트리노는 매우 투과력이 강해서 물질 속을 쉽게 관통해 버린다. 그것은 실험 기구로 포착하기가 매우 어렵다는 뜻이 된다. 페르미의 이론 이래 뉴트리노의 존재는 차츰 믿어지게 되었지만, 이것이 실제로 확인된 것은 훨씬 뒤인 1953~1956년의 일이다. 레인즈와 코원이 원자로에서 나오는 방사선을 조사하여 간접적으로 이 입자가 달려가고 있다는 것을 확인했다.

핵력을 설명할 수 없는 베타(β)붕괴이론

문제는 핵력이다. 양성자와 중성자의 결합을 설명하기 위해서 베타붕괴의 이론을 적용해 보면 어떨지가 생각되었다. 핵 속에는 일반적으로 많은 양성자와 중성자가 있다. 중성자가 양성자로 바뀐다는 것은 이미 검증이 끝났다. 또 양성자도 1개만이 고립해 있는 것은 언제까지나 양성자이지만(다만 최근에는 수

백억 년이 지나면 양성자가 모습을 바꾸는 것이 아닐까 하는 연구가 이루어지고 있다), 이것에 전자와 뉴트리노가 흡수되면 중성자가 된다. 입자가 서로 모습을 바꿀 때 거기에 힘이 작용한다는 것이 양자역학의 결론 중 하나가 되어 있다. 이 이야기를 이미지만으로 설명하기는 곤란하지만, 예컨대 입자 A와 B가 있다고 하자. 쌍방의 입자로부터 어떤 다른 입자를 방출하고, 그것을 다른 쪽이 받는 식으로 캐치볼을 시키면 둘 사이에는 힘이 작용하는 것이 된다. 이런 의미에서 베타(β)붕괴야말로 핵력의 원인이라고 생각하는 것은 이치에 들어맞는다.

그런데 실제로 계산을 해 보면, 베타붕괴 정도로는 그토록 강력한 핵력을 수치적으로 도저히 설명할 수가 없다. 원자핵은 수소 원자를 제외하면 여러 양성자가 속에 들어 있다. 양전하끼리는 이른바 쿨롱의 힘으로 반발하고 있을 것이다. 그럼에도 불구하고 단단히 스크럼을 짜고 결합해 있다는 것은 터무니없이 강력한 힘으로써 결합해 있는 것이라고 생각할 수밖에 없다. 베타붕괴의 경우보다 엄청나게 큰 힘이 작용하고 있어야 한다. 도대체 어떤 힘일까? 양성자나 중성자는 어떤 장치로써 저토록 강하게 결합해 있는 것일까? 거기에는 지금까지 생각되어 왔던 메커니즘과는 전혀 다른 새로운 장치가 있을 것이 틀림없다.

자연계에는 네 가지 힘밖에 없다

물론 훨씬 시간이 지난 후에 명확하게 정리된 일이지만, 이야기를 알기 쉽게 풀어 나가기 위해 여기서 자연계에 존재하는 힘의 종류를 설명해 두기로 하자.

(1) 핵력(강한 결합 또는 강한 상호작용)

(2) 전자기력(중간 결합, 전자기 상호작용)

(3) 베타붕괴(약한 결합 또는 약한 상호작용)

다만 약한 상호작용 중에 한 가지 이질적인 예가 있는데, 이것은 기호를 붙여서 들어 두기로 한다.

(3)' 초약(超弱) 상호작용〔케이(K) 중간자가 2개의 파이(π) 중간자로 변화하는 경우〕

위의 것 외에 뉴턴에 의해서 발견된 중력이 있다. 질량을 가진 두 물체 사이에 작용하는 인력이다. 일반적으로는 인간이 손에 든 물체 등과 지구 사이의 힘으로서 감지되는데, 미립자 사이의 힘이 되면 지극히 약하다. 중력의 1조 배의 다시 1조 배의 다시 1조 배가, 약한 상호작용의 힘과 같은 정도가 된다. 하지만 힘의 한 종류로서는 결코 무시할 수 없는 것이다.

(4) 중력(질량 사이의 힘, 중력 상호작용)

결국 자연계는 이 네 종류의 힘(초약 상호작용을 독립시키면 5종류)으로 구성되어 있다.

물리학의, 아니 자연과학의 출발점은 무엇일까? '우주에는 물질이 있다'는 것이 가장 알기 쉬울 것이다. 그 물질을 대상으로 하여 연구를 진행해 가게 된다. 그러나 사고방식을 조금 바꾸어 보면 '우주에는 상호작용이 있다'는 것도 자연관의 하나일 것이다. 물체가 존재하는가, 아닌가를 인간은 보통 눈으로 확인한다. 물체로부터 뛰어나간 광자 또는 물체 표면에서 반사된 광자가 인간 눈 속의 세포를 구성하는 분자와 상호작용을 한다. 또는 광자나 그 밖의 입자가 실험 기구와 상호작용을 하기 때문에 우리는 물체의 존재를 인정한다. 입자 사이에 힘이 작용하지 않는다면 모든 물체는 투명할 것이다. 미립자 사이에 상호작용이 있기 때문에 원자가 형성되고, 분자가 만들어지고, 물체나 생물이 만들어진다. 이렇게 생각해 보면 자연계에 있는 '물질'을 연구한다는 것은 '상호작용' 또는 더 쉽게 말해서 미립자 사이의 '힘'을 조사해 가는 것이라고 할 수 있다. 그리고 실제로 현대의 물리학은 이 네 종류의 상호작용을 깊이 연구하여, 그것들이 하나의 '근원'에서부터 출발하고 있다는 것을 확인하려 하고 있는 것이다.

유카와 박사의 대담한 주장—중간자의 예언

이야기는 다시 1930년대로 돌아간다. 핵력을 약한 상호작용에 의해서 설명하려다 실패한 이야기는 앞서 말했다. 원자물리학자들은 난감해졌다. 이때 일본의 유카와 히데키(湯川秀樹, 1907~1981)는 완전히 새로운 생각을 제안했다. 양성자나 중성자는 캐치볼을 하고 있기 때문에 단단하게 결합해 있는 셈인데, 문제는 그 공이다. 뉴트리노나 전자와 같이 가벼운 공이어서는 도저히 불가능하다. 훨씬 더 무거운, 전자의 200배 이상이나 되는 공을 주고받는다는 것이다. 여태까지 그 누구도 생각하지 못했던 대담한 주장이지만, 이 공이 있으면 확실히 양성자와 중성자는 덩어리로 뭉쳐져서 핵을 만들 수가 있다. 처음에 이 공은 메조트론(Mesotron)이라고 불렸으나 후에 중간자(Meson)라고 불리게 되었다. 상식적으로 생각하면 이 공에는 꽤나 무리가 있다. 중성자의 무게는 전자의 1,839배이다. 그

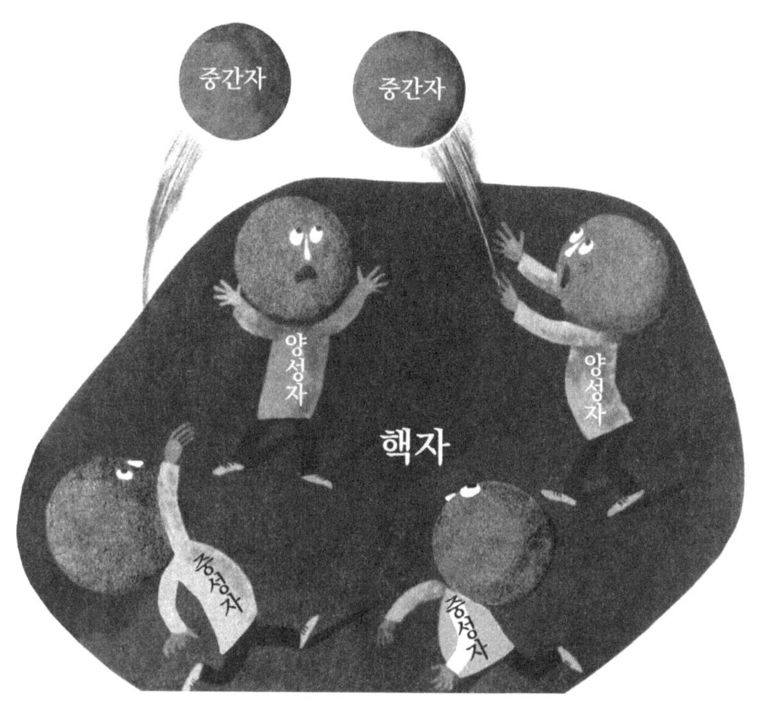

유카와 박사는 핵자로부터 나와 핵자로 되돌아가는 것과 같은, 중간자라는 공의 '주고받음'을 생각함으로써 핵력을 설명했다

200배의 공이 튀어 나간다고 하면 본래의 중성자는 훨씬 더 가벼워져 버리는 것이 아닌가? 그리고 공을 흡수한 양성자는 지나치게 무거워져 버리는 것이 아닐까?

유카와 박사는 여기서 하이젠베르크의 불확정성원리(不確定性原理)를 적용했다. $\Delta p \cdot \Delta x = h$의 식은 y 방향에도, z 방향에도 적용되고, 공간적으로는 3개의 식이 성립한다. 그러나 아인슈타인의 상대론에 입각해서 생각하면, 3차원 공간과 똑같이 시간(t)을 생각해도 된다. 불확정의 식은 또 하나가 있는데 그것은 시간의 불확실성(Δt)과 에너지의 불확실성(ΔE)을 곱한 것이 $\Delta E \cdot \Delta t = h$로서 나타내어진다는 것을 말하고 있다. 짧은 시간이라면(Δt가 작으면) 에너지는 보통의 경우보다 ΔE만큼 달라도 상관이 없는 것이다.

그는 공(나중의 말에 따라 중간자라고 부르기로 한다)은 핵자(양성자와 중성자를 통틀어 일컬은 것)로부터 나와 핵으로 들어가는 것이라 하고 계산했다. 원자핵은 원자의 크기 10^{-10}미터(1m의 100억분의 1)보다 훨씬 작아서, 10^{-15}미터(1m의 1000조분의 1)에 불과하다. 이 짧은 거리를 광속에 가까운 속도로 달려가면 Δt는 아주 작아서 바로 순간이다. 그 순간적인 사이라면 ΔE는 비교적 커도 된다. 에너지를 질량으로 고쳤을 때(앞에서 말한 $E=mc^2$) 이 공의 질량은 전자의 200배 남짓하다.

유카와 이론은 1935년에 발표되었는데, 그 이듬해에는 앤더슨과 네더마이어가 우주선(宇宙線) 속에서 이와 비슷한 입자를 발견했다. 이리하여 유카와의 중간자는 곧 물리학자의 주목을 끌게 되었다.

불확정성원리에 떠받쳐진 중간자설은 핵력을 설명하기 위한 중요한 발견이지만 단순히 그것에만 그치지 않는다. 그 핵물리학의 주제가 되는 소립자론의 첫걸음을 내딛는 계기이기도 한 것이다.

22. 유카와 이론에서 도모나가의 '재규격화이론'으로

"자네는 그렇게도 새 입자가 좋은가?"

후세 사람들은 훌륭하다고 감탄하지만, 학자의 연구 업적이라는 것은 결코 순탄하게 이루어진 것만은 아니다. 유카와 박사의 중간자론에 대해서도 많은 비판이 있었다. 그 내용을 간단히 말하면 "새로운 입자를 가정한다면 어떤 물리현상이라도 설명할 수 있지 않겠는가? 요지는 이미 있는 재료(?)만으로써 새로운 사실을 설명해야 한다는 것이다"였다. 확실히 이것은 일반적인 사상이라고 할 수 있다. 묘한 예가 될지 모르지만 추리소설을 쓸 때는 "절대로 미지의 약을 써서는 안 된다"는 전제가 있다고 한다. 작가가 제멋대로 새로운 약을 조작하여 어떤 특수한 독약이 있다고 하고, 그것을 먹으면 사흘쯤 뒤에 갑자기 죽게 된다는 식으로 쓴다면, 밀실 살인도 가능할뿐더러 알리바이를 무너뜨리는 일도 난장판이 되고 만다. 이래서는 말이 안 된다. 독자가 알고 있는 범위의 재료로써 살인을 범하게 하고, 그 수수께끼를 풀어 가며 즐길 수 있게 해야 하는 것이다.

이런 이치로 중간자 같은 것을 가정한다면, 핵력을 설명할 수 있는 것은 당연한 일이라고 하게 된다. 1938년에 보어가 일본을 방문했다는 것은 앞서 말한 바 있지만, 그때 유카와 박사는 자기가 연구한 중간자에 대한 이야기를 열심히 설명했다. 그러나 보어는 "자네는 그렇게도 새 입자가 좋은가?" 하고 냉담하게 대답했었다고 한다. 양자론의 대가조차도 이 입자의 가치를 인정하지 않았던 것이다.

증명된 유카와의 예언

그러나 이 문답은 완전히 보어의 패배로 돌아갔다. 1936~

1937년에 앤더슨에 의해서 질량이 전자의 207배나 되는 새 입자가 발견되었다. 이것이야말로 유카와가 예언했던 중간자일 것이라고 생각되었다. 그러나 그 후 여러모로 연구해 보니, 질량만은 유카와의 예언과 비슷하지만 아무래도 이 입자는 핵력의 원동력이 되는 것과는 다른 것인 듯했다.

그 때문에 1942년, 일본의 사카타(坂田昌一)와 다니카와(谷川安孝) 두 박사는 중간자는 이미 발견된 것 외에도 한 종류가 더 있을 것이라는 2중간자이론을 제안했다. 그리고 2차 세계대전 직후인 1947년에 로체스터와 바틀러가 우주선(宇宙線) 속에서 다른 새로운 입자와 함께 전자의 273배나 무거운 새 중간자를 발견했다. 처음에 발견된 것을 뮤(μ) 중간자, 나중에 발견된 것을 파이(π) 중간자로 부르기로 했다. 핵력은 π 중간자가 일으키는 것으로서, 우주선 속에서는 상공에는 π가 있지만 이것이 지상 부근에서 μ로 바뀌어 버리기 때문에 π의 발견이 늦어졌던 것이다.

노벨상은, 실험에서 새로운 것이 발견된다면 그것이 확인되었다는 것이 되므로 비교적 빠른 시기에 수상을 하게 된다. 그러나 이론 분야에서는 그것이 어디까지나 하나의 '학설'에 지나지 않게 된다. 아무리 훌륭한 이론이라도 기본적인 부분에서 틀렸을 우려가 있다. 그러므로 그 학설이 정말로 옳은지 어떤지는 그 사실을 검증하는 실험 결과가 나타난 뒤로 돌아가는 것이 일반적이다. 유카와 이론은 결국 옳은 것이기는 했지만, 실제로 π 중간자가 발견되기까지 이와 같은 우여곡절이 있었다. 그 때문에 새 이론의 제창(1935)으로부터 노벨상 수상(1949)까지 꼬박 14년의 세월이 걸렸다.

이와 같은 궁극의 입자를 '소립자(素粒子)'라고 부르게 된 것은 중간자가 발견되던 무렵부터가 아니었을까? 확실히 전부터 양성자, 중성자, 전자, 광자는 있었다. 그리고 디랙은 이른바 디랙 방정식을 해석하여 양전자를 예언했고, 페르미는 뉴트리노 가설을 세웠다. 그러나 2차 세계대전 전의 기본 입자는 유카와의 예언을 제외하면 이 정도뿐이었다. 전후의 실험 기술 발달과 더불어 새 입자가 잇따라 발견되고, 이들 입자 개개의 성질과 입자 사이의 상호작용을 정리하여 통합하는 일이 물리학의 커다란 과제가 되었다. 그 연구를 소립자론이라고 부른다. 당연하게도 그 수학적 방법으로는 양자역학이 사용된다.

안개상자, 기포상자, 사이클로트론

또 우주선 속 입자의 관측에는 영국의 윌슨(1869~1957)이 고안한 안개상자가 사용되었다. 상자 속을 순간적으로 과포화 상태(수증기가 가득 차서 곧 구름이 만들어질 만한 상태)로 만들면, 입자가 달려간 자리에 '비행운(飛行雲)'이 생긴다. 그 비적(飛跡)으로부터 입자를 추측하는 것으로서, 그는 이 공적에 의해 1927년 노벨상을 받았다.

그러나 후에(1952) 더 효율적인 측정 방법이 미국의 글레이저(1926~2013)에 의해서 고안되었다. 상자 속에 끓기 직전의 액체를 넣어 둔다. 우주선이 달려가면 그 부분만이 자극되어 작은 기포(氣泡)가 생긴다. 그 기포의 경로를 추적해 감으로써 우주선 속 입자의 종류를 알 수 있다. 특히 액체수소를 사용한 경우에는 입자의 비적의 정밀도가 안개상자에 비해서 월등하게 좋다. 그도 이 기포상자의 발명으로 1960년 노벨상을 받았다.

또 새 입자의 발견은 우주선에만 의존하는 것이 아니다. 목적하는 입자의 존재 여부를 우주선이라는 '자연'에만 의존하고 있다가는 언제가 되어서야 발견될지 매우 불안하다. 안개상자나 기포상자로 수천 장의 사진을 찍더라도 거기에 반드시 찍혀 있으리라는 보증도 없다. 그럴 바에야 차라리 자신이 입자를 만들어 내겠다는 것이 사이클로트론이다.

이것은 전기를 띤 입자를 도넛 모양의 통 속에서 회전시켜 차츰 에너지를 크게 해 나가는 장치로서, 1930년 미국의 로런스 등에 의해서 만들어졌다. 그도 이것을 건설한 공적으로 1939년도에 노벨상을 받았다. 2차 세계대전 후에 이것의 개량과 대형화가 진척되어 베바트론, 코스모트론 또는 개량형 싱크로트론 등 여러 가지 이름으로 불리고 있다. 궁극의 고에너지 입자는 거대 사이클로트론으로만 발현된다는 것 때문에, 현재는 입자가 달려가는 원기둥의 길이가 매우 길어지고 있다.

주변의 힘은 대부분 전자기력

전쟁 전 유카와 박사의 연구에 대해서만 언급했는데, 이번에는 전쟁 중 일본의 물리학으로 눈을 돌려 보자. 자연계가 네 종류의 힘으로 구성되어 있다는 것은 앞에서 말했지만, 우리 주변을 둘러보면 대부분의 힘이 전자기력이다. 목재가 책상이라는 형태로 안정되어 있고, 많은 종이로 책이 만들어지고, 펜대나 가옥 일반에서도 모두가 분자와 원자의 결합력으로 이루어져 있다. 이 결합력에 대해서 화학에 정통한 사람이라면 공유결합이나 이온결합 등 여러 가지를 자세히 알고 있겠지만, 결국은 전자가 그 역할을 수행하고 있다. 공을 배트로 치는 것도 결국은 전자기적 상호작용이다. 야구의 배팅에 전기 등은 사용되고 있지 않다고 하여 단순히 역학적인 것이라고 생각할지 모른다. 그러나 배트를 구성하는 분자와 공을 만드는 분자가 작용하는 것이라고 하게 되면 이것은 곧 전자기적 상호작용인 것이다.

다만 공이 포물선을 그리는 것은 중력 상호작용이다. 또 마룻바닥 위나 지상에 물체가 안정상태로 놓여 있는 것은 중력 때문이다. 그러나 나무뿌리가 땅속으로 파고 들어갔을 경우에는 흙의 분자와 식물의 유기분자가 전자기적 상호작용을 하고 있을 것이다.

'장'이라는 사고방식

이 전자기적 상호작용은 소립자론적으로 보면, 전자끼리 광자를 주고받는 것으로 설명된다. 그러나 단순히 캐치볼이라고 하기보다 어떤 상태, 어느 정도의 크기로 하고 있는지를 자세히 알고 싶다. 이런 까닭으로 전자와 광자의 상호작용이라는 문제가 물리학의 중요한 주제가 되었다.

전자는 광자를 방출하고 또 흡수한다. 가령 전자가 1개만 고립해서 외톨이로 있다면 어떻게 될까? 전자이기 때문에 여전히 광자를 방출한다. 그러나 튀어 나간 광자는 갈 곳이 없다. 이때 광자는, 좀 묘한 이야기이기는 하지만 다시 본래의 전자에 흡수되는 것이다. 하지만 빛은 직진하는 것이 아니었던가? 어디서 U턴을 하느냐고 생각할지 모른다. 그러나 빛의 직진이라는 것은 그것을 관찰해야만 비로소 알 수 있는 일이다. 태어나서 누구에게도 인정받지 못한 채 다시 고향인 전자로 되돌아가는 광자에 대해서는 아는 사람이 없다. 이와 같은 광자를 특별히 가상광자(假想光子)라고 부르기도 한다.

'실험에 걸려들지 않을 만한 광자라면 애초부터 없는 것이나 같지 않은가? 그런 가설은 그만둬라' 하고 생각할 것 같으나, 전자, 아니 더 큰 대전물체 가까이에 측정기를 가져가면, 거기에는 전기장이라는 것이 있다. 이 전기장이야말로 측정에 걸려든 가상광자(사실 측정기와 상호작용을 해 버렸기 때문에 이미 가상이라고는 할 수 없겠지만)의 모습인 것이다. 즉 전자의 주위를 광자가 에워싸고 있다고 생각해야 한다. 이렇게 캐치볼의 공이 존재하고 있는 공간을 '장(場)'이라고 부르게 되어 있다. 원자핵 속의 핵자 주위에는 중간자가 있어서 중간자장을 형성한다. 지구 주위는 중력장인데 아마도 매우 에너지가 작은 중력자(重力子, Graviton)가 있을 것이다. 이 그라비톤의 진동을 중력파(重力波)라고 하게 되는데, 너무도 약한 힘이기 때문에 자세한 연구에는 이르지 못하고 있다.

도모나가 박사의 '재규격화이론'

전자와 광자의 상호작용으로 이야기를 되돌리자. 하이젠베르크와 파울리에 의해서 만들어진 장의 양자론을 여기에 적용하여 계산하여 간다. 전자가 광자를 내놓는다, 다시 방출한다……. 이 현상을 수식으로 기술하면 덧셈〔좀 어렵게 말하면 급수. 양자역학에서는 이 수학적 수법을 섭동론(攝動論)이라고 한다〕이 되어 가는데, 얼마든지 광자를 방출할 수 있기 때문에 전자의 에너지는 결과적으로 무한대가 되어 버린다. 이것은 곤란하다. 이론이 잘 들어맞지 않는다는 것은 아인슈타인의 상대론을 고려하지 않았기 때문이다. 디랙은 앞서 상대론을 고려하면서 양전자를 예언했었는데, 이와 같은 상호작용의 문제에서도 상대론적인 입장에서 계산해야 한다. 스위스 출신으로 후에 미국으로 건너간 블로흐와 앞서 말한 디랙 등은 이 사실을 알아채고, 시간도 공간과 마찬가지로 개개의 입자에서 다르다는 다시간이론(多時間理論)을 제창했다. 이를테면 전자 A와 B가 있다고 하자. 공간적으로는 당연히 다른 장소에 있다. 그와 마찬가지로 A와 B의 시각도 다르다고 했던 것이다.

그런데 장의 이론을 올바르게 전개하려 하면, 입자의 시각만을 다르게 하는 정도로는 잘 되지 않는다. 블로흐와 마찬가지로 독일의 라이프치히에서 하이젠베르크에게 가르침을 받은 도모나가 신이치로(朝永振一郎, 1906~1979)는 공간(즉 장) 전체에 다른 시각을 할당하는 방법을 생각했다. 공간의 '여기'와 '저기'에서는 시각이 다르다는 것이다. 더구나 공간은 연속적이기 때문에 시각도 연속적으로 변화하고 있다. 이것을 고려한다면 당연히 장의 성질을 나타내는 양자역학의 식도 참신한 것이 된다. 이리하여 도모나가는 상대론을 도입한 상호작용의 방정식을 발표했다. 시간이 연속적으로 많이 있다는 점에서부터 이것을 초다시간이론(超多時間理論)이라고 한다. 이렇게 하여 양자역학은 처음에는 하이젠베르크와 슈뢰딩거에 의해서 물체의 행동을 기술하는 데에 성공했고, 하이젠베르크와 파울리에 의해서 공간의 상태가 양자역학의 수식으로서 나타내어졌으며, 도모나가 박사가 상대론을 도입하여 완성되었다. 이는 1943년의 일로서 2차 세계대전이 한창이던 때였는데, 이 이론은 전자의 에너지 등이 무한대가 되어 버리는 결론을 교묘하게 정리하는 재규격화이론(再規格化理論, 1948)으로 발전했다. 재규격화를 생각해 낸 슈윙거와 그것을 그래프적으로 알기 쉬운 형태로 만든 파인먼까지 세 사람은 1965년 노벨 물리학상을 받았다.

23. 2차 세계대전 중의 보어와 하이젠베르크의 밀담

전란과 연구의 골짜기에서……

2차 세계대전 중에 일본의 도모나가 박사는 초다시간이론을 제창했으나, 온 세계가 전쟁을 하고 있었기 때문에 당연하게도 국제적인 정보 교환이 두절되어 있었다. 현재는 각국에서 발표되는 연구가 논문집이 되어 대량으로 들어오고 있지만, 당시 수년간은 설사 순수한 학술 논문이라 할지라도 완전히 차단된 상태에 있었다. 유럽의 국가들 사이에는 다소나마 뒷길이 트여 있어서 그래도 적국에서 추진되는 연구의 진척을 약간은 알 수 있었던 모양이지만, 일본은 완전히 고립 상태에 있었다. 당시의 연구자들에게 들어 보면, 전쟁이 막 시작된 필리핀에서 일본군이 압수한 미국의 과학 잡지 『Phisical Levew』 등이 적의 것으로는 유일한 자료였다고 한다. 초다시간이론도 최초에는 일본의 이화학(理化學) 연구소에서 발행하는 잡지에만 실렸을 뿐, 이것이 널리 국제적으로 인정된 것은 전후의 일이었다.

2차 세계대전은 총력전(總力戰)이라고 하여, 일본뿐만 아니라 온 세계의 나라에서 과학자까지 대부분이 동원되어 화학병기 등의 연구에 종사했다. 당시를 알고 있는 사람은 '국가 총동원'이니 '1억 총결전'이니 하던 분위기를 회상하겠지만, 이것은 비단 일본만의 일이 아니었던 것 같다. 그 증거로는 원자폭탄이나 전파병기, 그 밖의 발달은 굉장했으나 학술 부문은 일단 뒷전으로 밀려나 있었던 것이 있다. 이런 의미에서 도모나가의 연구는 특기할 만한 일이다. 또 1차 세계대전과의 차이도 뚜렷이 나타나 있다. 아인슈타인의 일반상대론 등은 1차 세계대전 중의 것으로서 당시에는 아직 학문이나 연구에 여유가 있었다.

2차 세계대전은 연합군 측의 압도적인 승리로 끝났지만 그래도 전반기에는 연합군 측도 전쟁의 판국을 전혀 예단할 수 없었다. 자칫 잘못하면 학술연구는커녕 생존 그 자체가 문제라고 생각되어 '승리를 위한 과학'으로 쏠려 갔다.

하물며 덴마크와 같은 작은 나라는 대국 사이의 전란에 마구 휘둘렸다. 앞서 보어가 핵분열 발견자의 이름에 대해서 '마음을 썼다'고 말했는데, 그 후 그의 발자취와 세계 정세를 추적해 보기로 하자.

양자론을 길러 낸 아버지라고도 할 수 있는 그는 1939년 초에 초빙을 받아 미국의 프린스턴 고등연구소에 도착했는데, 원자핵분열에 관한 화제는 금세 물리학자와 방사선화학에 종사하는 사람들 사이에 퍼져 나갔다. 보어 밑에서 한 번씩은 코펜하겐으로 유학한 적이 있는 로젠펠트, 웰러, 비그너, 텔러 등이 모여서 이 문제를 논의했다. 또 컬럼비아대학으로 페르미를 찾아가서는 거기서 사이클로트론(미립자를 빠른 속도로 원형으로 회전시키는 장치)을 조작하고 있던 대학원생 앤더슨(안개상자의 발견자인 앤더슨과는 다른 사람)을 포함해서 핵분열에 대한 의견을 교환했다. 또 헝가리 출신의 질라드도 여기에 참가하여 젊은 학자들 사이에서 정력적인 토론이 이루어졌다.

보어도 의문시했던 핵분열 연쇄반응의 실현

천연 우라늄은 무게가 수소 원자의 238배(이것을 원자량이라고 한다)인데, 이 중에 0.7%쯤 섞여 있는 무게 235의 우라늄(즉 동위원소)이 핵분열을 일으킨다는 것은 이미 알고 있었다. 요지는 천연 우라늄으로부터 어떻게 해서 동위원소만을 분리시키는가 하는 기술적인 문제이다. 보어는 핵분열의 실험 사례를 미국에 알리기는 했지만, 연쇄반응에 필요한 정도의 동위원소를 분리할 수 있는가 하는 것에 대해서는 상당히 회의적이었던 것 같다. 그러나 어쨌든 이 문제를 미국에 있는 화학자들에게 남겨 두고 그는 1939년 4월, 불과 3개월의 미국 생활을 마치고 유럽으로 돌아온다. 미국에 있는 그의 제자들은 그대로 미국에 머물러 있으라고 권했지만, 보어는 자기야말로 코펜하겐의 이론물리학 연구소에 남아 이 연구소를 전란으로부터 지켜야 한다는 단단한 신념으로 다시 덴마크에서의 생활을 보내게 된다.

확실히 사이클로트론 속을 달려가는 입자(이 경우는 1개의 전하를 띤 우라늄 이온)를 전류로 환산하면 수십 마이크로암페어(μA: 1Å의 1만분의 1에서 10만분의 1 정도)밖에 안 된다. 이것을 자기장에서 분리하여 1킬로그램의 우라늄 235를 분리하는 데는 계산상 1000년이 걸리게 된다. 보어뿐 아니라 일본에서 동위원소의 분리에 종사하고 있던 사람들도 마찬가지로 생각하여, 내심으로는 '도저히 불가능'하다고 생각하고 있었다.

꺾이지 않은 미국의 젊은 학자들

그러나 경제력이 풍부한 미국의 젊은 학자들은 반드시 어떤 방법이 있을 것이라고 확신하고 물고 늘어졌다. 그들의 대부분은 한 번씩은 독일에서 물리학을 공부했기 때문에 독일인의 능력을 잘 알고 있었다. 히틀러의 유태인 배척으로 인해 많은 학자들이 미국으로 건너왔으나, 그래도 독일에는 핵분열의 발견자 한과 양자역학의 창설자 중 한 사람인 하이젠베르크, 또는 독일 국무차관의 아들이며 핵 전문가인 바이츠제커 등 쟁쟁한 일류 과학자들이 있었다. 자신들이 생각하고 있는 것은 당연히 독일 학자들도 생각하고 있을 것이며, 어쩌면 자신들보다 앞섰을지도 모를 일이라고 그들은 생각했다. 우라늄 235를 연쇄반응시키면 엄청난 위력의 살인 병기가 된다. 히틀러가 이것을 손에 넣게 된다면 어떻게 될지를 그들은 가장 두려워했다.

상대론으로 유명한 아인슈타인은 1933년 이래 프린스턴 고등연구소에서 연구 생활을 보내고 있었는데, "질량은 곧 에너지이다"라고 주장했던 것은 바로 그였다. 질라드와 비그너는 1939년 여름, 아인슈타인을 에워싸고 핵분열이 놀랄 만한 폭탄이 될 것이라는 사실을 서로 인정했다. 그리고 이것은 아인슈타인이 루스벨트 대통령에게 보내는 서한으로 발전하게 된다. 그것에는 "독일은 우라늄에 대해 큰 관심을 갖고 있다"는 것과 "체코슬로바키아의 요아힘슈타르 광산에서 산출되는 우라늄광을 독일은 전면적으로 수출하지 못하게 금지했다"는 사실을 덧붙였다. 이 편지는 1939년 8월 2일 자로 되어 있고, 루스벨트는 이것에 의해 원자폭탄의 개발과 제조에 관한 맨해튼 계획을 명령하게 된다. 2차 세계대전이 일어나기 불과 한 달 전의 일로서, 왕성한 공업력으로 미국은 그 후 6년간 이 계획을 추진시켜 나갔다.

히로시마 원자폭탄은 독일에서 만들어졌다?

1945년 8월, 일본의 히로시마(廣島)에 투하된 것은 우라늄 폭탄이고 나가사키(長崎)에서 폭발한 것은 이보다 원자번호 둘이 더 많은 플루토늄 폭탄이다. 그런데 히로시마의 우라늄 폭탄이 사실은 독일에서 만들어졌다는 설이 있다. 스페인의 전(前) 첩보부원이었던 베라스코의 증언에 의한 것인데, 그는 추축국(樞

軸國: 독일, 이탈리아, 일본 등)의 스파이로 미국에 잠입하여 연합국 측의 정보를 베를린으로 보내고 있었다. 그의 증언에 의하면, 우라늄 폭탄은 독일 북부의 페네뮌데에서 만들어져서 런던을 공격하기 위해 벨기에의 리에하로 보내졌었다고 한다. 1944년 당시 독일 측의 전세가 불리해지자 독일은 폭격기조차 무사히 비행시킬 수가 없었다. 패전을 예견하고 있던 독일 측 사령관 로멜은 전쟁을 종식시키겠다고 생각하고 이것을 몰래 적장 아이젠하워에게 건네준다. 원자폭탄은 대서양을 건너 미국을 횡단하여 태평양 위의 티니언섬으로 건너간다. 그리하여 히로시마 상공에서 폭발한 것이라고 한다. 미국이 이런 사실을 숨겼다는 것은 맨해튼 계획에 방대한 국가 예산을 썼으면서도 완성하지 못한 사실을 은폐하기 위한 것이었을까?

베라스코가 미국 내의 확실성이 높은 정보를 독일 측으로 빼돌렸다는 사실은 확실한 것 같지만, 이 원자폭탄에 관한 이야기는 아무래도 진실성이 없는 것 같다. 미국의 공식 문서에는 원자폭탄의 운반에 관한 기록이 결여된 듯한 사실도 있는 것 같지만, 적의 원자폭탄을 사용했다는 것 같은 일이 있다면 영원히 숨겨질 수 없지 않을까? 이 이야기는 단지 소문이라고 생각하는 것이 좋을 것 같다.

덴마크에서 버텨 내는 보어

원자폭탄 이야기야 어찌 되었든 간에, 보어가 덴마크로 돌아왔을 무렵의 유럽은 바로 폭풍우가 몰아치기 직전이었다. 이미 오스트리아와 체코를 병합한 독일은 그해 9월 1일에는 폴란드를 휩쓸고, 동쪽에서부터 침입한 러시아와 함께 폴란드를 분할하여 차지했다. 영국과 프랑스가 독일에 대해 선전을 포고함으로써 마침내 2차 세계대전이 시작되었다. 폴란드 침략이 끝난 후 얼마 동안 독일과 프랑스 사이에는 대치 상태가 계속되었다. 두 나라의 국경에는 프랑스 측이 마지노 요새, 독일 측이 지크프리트 요새를 구축하여 어느 쪽도 이것을 돌파하는 것은 불가능하다고 생각되었다. 그 결과 엉뚱한 봉변을 당한 것은 제3국이었다.

1940년 봄, 독일은 마지노선을 피해서 네덜란드, 벨기에를 통과하여 프랑스로 돌입하게 되는데, 이에 앞서 4월 9일, 덴마크와 노르웨이에 대해 즉시 무저항으로 독일의 보호를 수락하라고 요구했다. 노르웨이는 저항을 했으나 덴마크는 어쩔 수 없이 독일의 요구를 받아들였다.

그날 보어는 마침 노르웨이로부터 돌아오던 중이었다. 침대열차가 코펜하겐에 닿을 무렵(열차째 배로 덴마크의 섬들에 운반한다) 이미 시내는 공포에 가득 차 있었다. 곧 작은 배를 탄 독일 병사들이 코펜하겐 동쪽 해안에 나타나, 인어 동상이 있는 안벽(岸壁)으로부터 번개같이 상륙하여 코펜하겐 시내는 물론 덴마크 일대를 점령하고 말았다.

그래도 점령 초기에는 덴마크인에게도 상당한 자유가 있었다. 그러나 독일 나치에 대한 비협력, 파업, 유태인을 스웨덴으로 망명시키는 일 등이 잦아지자, 덴마크에 대한 통제도 서서히 엄격해져 갔다. 보어는 위대한 물리학자라고 하여 어느 정도 독일 측으로부터 은근한 대우를 받고 있었으나 이윽고 나치의 블랙리스트에 올려졌다. 코펜하겐시의 도처에서 독일 비밀경찰의 눈이 번득이고 있었다.

하이젠베르크, 어두운 밤의 방문

1941년 6월, 독일군은 러시아 국내로 침공하여 그해 가을에는 모스크바와 레닌그라드 근처로까지 진격했다. 이 시기에 한적한 보어의 연구소를 찾아온 사람이 있었다. 중요한 서류는 모두 소각해 버리고 연구도 뜻대로 할 수 없었던 보어가 현관에 나가자, 거기에는 뜻밖에도 하이젠베르크가 서 있었다.

당시 하이젠베르크의 입장은 매우 미묘했다. 독일을 사랑하는 그를 어떤 사람은 독일 나치의 협력자라고 비방했고, 또 그가 바이츠제커와 더불어 우라늄 235를 연구하고 93번 또는 94번 원소로부터 폭발물을 만들 수 있는지를 조사하고 있다는 소문도 있었다. 보어의 연구소에서는 그를 배척하고 있었다.

그러나 보어 자신은 따뜻이 그를 맞이했다. 하지만 경찰의 눈이 두려워 두 사람은 캄캄한 노상에서 선 채로 이야기를 나누었다고 한다. 양자론을 낳은 보어와, 그것을 길러 낸 카이저 빌헬름 연구소에서 지도적 역할을 하는 하이젠베르크가 어둠 속에서 몰래 이야기를 나누었다는 것은 바로 당시의 국제 정세를 상징하는 것이라고 할 수 있을지 모른다. 일찍이 사제 간이었던 두 사람은 이제 형식상으로는 적대적인 관계가 되었지만, 원자핵의 연쇄반응에 대한 최신 정보를 교환했다고 한다. 보어의 질문에 대해서 하이젠베르크는 “우라늄 핵분열은 원리적으로는 가능하지만, 기술적으로는 어려운 면이 많아 아마 이 전쟁에는 쓰지 못할 것이다”라고 대답했다고 한다. 학회에 출석한다는 명목으로 몰래 보어를 찾았던 하이젠베르크는 이 한 마디의 말을 특히 전하고 싶었던 것 같다.

24. 양자역학은 불사조처럼

보어, 죽음을 건 탈출

1942년의 2차 세계대전 중 영국 첩보부는 덴마크로부터의 비밀통신에 의해서 닐스 보어가 독일로 연행되어 갈 위험이 있다는 통지를 받았다. 영국은 곧 보어에게 미국으로 건너가도록 권했다.

그러나 보어는 어찌해야 할지 망설였다. 중립국 덴마크의 이론물리학 연구소는 그런대로 기능을 수행하고 있다. 젊은 연구자들을 팽개칠 수는 없다. 그는 여러 번에 걸친 권고를 사양하고 전시하의 연구소에 나가고 있었다.

1942년 무렵은 프랑스도 덴마크도 표면상으로는 비교적 평온했다. 그러나 1943년 러시아 침공에 실패한 독일은 북아프리카에서도 패퇴하게 된다. 당연히 독일 점령하의 나라들에서는 불온한 공기가 감돌기 시작했다. 그해 여름, 덴마크에서는 대규모의 파업이 일어나 500명 이상의 시민이 체포되었다. 1943년 8월 28일, 독일은 덴마크 정부에 대해서 파업이나 태업을 하는 자는 가차 없이 사형에 처한다고 통고하고, 이튿날인 29일에는 계엄령을 선포했다. 여기에 이르러 마침내 보어도 국외 탈출의 결심을 굳힌다. 그의 탈출은 올바른 결론이었다. 전후 뉘른베르크의 재판 때, 계엄령을 선포한 바로 그날 독일 나치는 보어 체포를 결정했었다는 증언이 있었다.

보어는 지하운동가들의 도움을 빌어 작은 배를 타고 카테가트 해협을 출발했다. 보통은 4시간이면 스웨덴에 도착할 것인데도, 이날은 날씨가 나빠서 9시간이나 사나운 파도에 부대끼며 가까스로 스웨덴의 란스크로나에 상륙할 수 있었다.

보어는 스톡홀름에 닿기는 했으나 여기도 안주할 곳이 못 되었다. 그가 코펜하겐에서 모습을 감추었다는 것을 안 독일 비밀경찰의 손은 중립국인 스웨덴에까지 뻗쳐 있었다. 영국 정부는 그의 신변을 우려하여 무장을 해제시킨 폭격기 '모스키토'를 비밀리에 스톡홀름 공항으로 보냈다. 발트해와 북해는 독일 함정과 잠수함의 위험에 드러나 있었고, 해상 수송 등은 생각조차 할 수 없었다. 영국으로 건너가는 데는 군용기밖에 없었다. 그러나 이 폭격기는 너무 좁아서, 보어와 아들은 낙하산을 껴안은 채 폭탄고에 끼어들었다. 산소봄베를 갖고 있기는 했지만 조종사와의 통신선이 나빠서, 보어에게는 봄베의 마개를 열라는 지시가 들리지 않았다. 영국에 닿았을 때 그는 정신을 잃고 있었다. 1943년 10월 16일의 일로서 그야말로 필사적인 탈출이었다. 그러나 이보다 조금 전인 9월 8일에는 추축국 중 하나이던 이탈리아가 이미 연합군 측에 항복했고 영국에도 밝은 희망이 비치기 시작하고 있었다.

보어는 영국에 있는 동료 학자와 정치가들에게 맞이받아 그들의 상담역이 되었다. 이때부터 2차 세계대전이 끝날 때, 즉 1945년 8월까지 사이에 그는 세 번쯤 미국으로 갔었다. 1944년 8월 26일에는 루스벨트와 회담했는데, 그가 원자물리학자라고 하여 그의 미국행은 비밀에 부쳐져 있었다. 그러나 그와는 상관없이 원자폭탄 제조를 위한 맨해튼 계획은 착착 진행되고 있었다. 그리하여 1945년 8월, 두 발의 원자폭탄이 일본에 투하되고 2차 세계대전이 끝났다.

독일인 과학자들의 운명

이보다 앞서 5월 7일에는 독일이 항복했는데, 그 후의 독일

과학자들은 어떻게 되었을까? 1945년 4월, 87세의 노(老)학자 막스 플랑크는 독일 동부로부터 러시아군에 쫓겨, 피난민들과 함께 계속 서쪽으로 도망치고 있었다. 한번은 마그데부르크 교외에 있는 친구의 농장으로 피신했는데, 거기에도 러시아군이 들이닥쳤기 때문에 다시 6월 4일에서야 간신히 괴팅겐에 당도했다. 그는 다행히도 이곳의 카이저 빌헬름 연구소의 사무총장을 만날 수가 있었다. 사무총장은 이 연로한 학자를 위로하는 동시에 연구소의 재건에 온 힘을 쏟았다. 이윽고 영국과 미국 학자들의 후원도 있어서, 독일 국내 여러 곳에 흩어져 있는 세계적인 이 시설은 그 이름을 플랑크 연구소로 고치고 재출발하게 된다. 그러나 당사자인 플랑크는 이미 병상에 있었고 1947년 10월 4일, 폭격의 상처도 생생한 아파트의 한 방에서 89세로 쓸쓸한 일생을 마친다.

한편 43세의 하이젠베르크는 1945년 봄, 남독일의 헤힝겐으로 옮겨진 연구소에서 바이츠제커, 라우에(1879~1960, 결정에 X선을 쬐였을 때의 라우에 반점으로 유명하다. 1914년 노벨 물리학상 수상)와 함께 생활하고 있었는데 4월 22일에는 프랑스군이 쳐들어왔다. 연구소는 아무 저항도 없이 접수되고 이윽고 미국의 조사단이 왔다. 조사단을 인솔한 학술 부문의 책임자는 물리학자인 하우트슈미트라는 교수로, 그들은 독일의 핵분열 연구 실태를 상세히 조사하는 임무를 맡고 있었다.

하이젠베르크는 가족의 신상이 염려되어 조사단이 도착하기 직전에 여기를 탈출했다. 자전거를 타고 밤낮 사흘 동안을 달려가서 육친들이 사는 와페르트로 갔다. 낮에는 적기의 총격을 피해서 숲속으로 숨고, 밤에는 연합군의 검문소에서 여러 번

발이 묶이기는 했으나 마침내 아내 엘리자베트에게 당도했다. 도중은 수용소를 탈출한 연합군 측의 탈주병과 피난민이 뒤섞여 득실거렸고, 초만원의 열차는 움쩍달싹도 하지 않은 채 완전한 혼란 상태에 빠져 있었다. 방화, 약탈, 폭행을 도처에서 볼 수 있었다. 이윽고 와페르트에도 미군이 나타나 하이젠베르크를 가족에게서 떼어 내어 연행해 갔다.

과학자의 쟁탈전

이 무렵, 미군과 영국군 측도, 또 러시아도 독일의 기술을 자기 나라로 반입하는 일에 열중하고 있었다. 러시아는 로켓의 설계도와 그 밖의 많은 것을 압수해 갔지만, 미국과 영국 측은 두뇌, 즉 과학자를 데려가는 일에 힘을 쏟고 있었다. 그런 이유로 세계적으로 알려진 물리학자 하이젠베르크는 하이델베르크의 연합군 사령부로 이송되었다. 여기서 꽤 엄중한 심문을 받은 후 다시 파리로 연행되었다. 거기에는 독일 국내의 각 연구소로부터 끌려온 원자물리학자들이 모여 있었다. 라우에, 바이츠제커 외에 핵분열의 발견자 한도 함께 있었고, 하이젠베르크를 포함하여 열 사람의 학자 그룹이 감금되었다. 파리에서의 생활은 꽤나 엄격했던 것 같다. 연합군은 귀중한 두뇌가 도망칠까 우려하여 엄중하게 감시했다.

이윽고 그들은 비밀리에 벨기에의 시골에 있는 옛 성으로 옮겨졌다가, 몇 주일 후에 다시 영국의 케임브리지 교외에 있는 큰 저택으로 끌려갔다. 대륙에서와는 달리 쾌적한 숙소였기 때문에, 사람들은 이곳을 농가라고 불렀다. 조리사를 포함한 독일인 포로들이 그들을 돌보았고, 영국 장교들도 그들과 단란한 대화를 나누었다. 악기도 있었고, 도서실에도 자유로이 드나들며 스포츠도 즐길 여유가 생겼다. 트럼프 놀이에 흥을 돋우기도 하고 학문적인 토론도 했다.

히로시마와 나가사키에 원자폭탄이 투하되었다는 보고를 들은 것도 이 무렵이었다. 과학자들의 생각은 매우 착잡했을 것이다. 핵분열의 발견자인 한도, 양자론의 창설자인 하이젠베르크도 내심으로는 '원자폭탄은 불가능'하다고 생각하고 있었기 때문에 무척이나 놀랐을 것이라고 생각된다. 앞서 스페인의 첩자 베라스코의 증언 가운데에 원자폭탄은 독일에서 개발되었다는 이야기가 등장했는데, 가령 그렇다면 그 후 과학자들의 행동과 증언 사이에는 일치점이 있을까? 지금에 와서는 확실성이 높은 이야기를 이어 맞춰 보는 수밖에는 없을 것이다.

1945년 말, 이 농가에 한 가지 밝은 소식이 날아들었다. 1944년도 노벨 화학상 수상자가 한으로 결정되었다는 소식이었다. 꼬박 1년이 늦은 수상 보고도 일찍이 없었던 일이지만, 유폐 중에 있는 학자가 상을 받는다는 사실도 드문 일이다. 사실 후에 러시아(구소련)에서의 평화상 등에서도 이와 비슷한 사정이 나타나기는 했지만, 어쨌든 열 사람의 학자들은 한을 축복했다. 한은 이 그룹에서도 특별히 쾌활하고 동료들을 잘 돌보아 주었다는 사정도 있었다. 자칫하면 침울해지기 쉽던 과학자들은 패전한 해에 맞이하는 크리스마스를 즐겁게 보낼 수가 있었다.

1946년 1월에 그들은 모두 독일로 귀환하여 가족에게로 돌아갔다. 당시는 미국, 영국, 프랑스, 러시아의 점령 구역으로 나뉘어 있었고, 국내에서의 행동도 결코 자유롭지 못했다. 그러나 이들 지도자 아래서 이윽고 젊은 인재가 자라 전후의 과학에 크게 공헌하는 역할을 수행하게 된다.

양자역학은 불사조처럼

극미의 세계를 살펴서 그 특수성을 생각하는 것이 양자론이고, 그것을 교묘한 수학적 방법으로서 완성시킨 것이 양자역학이다. 이런 의미에서 양자론이나 양자역학 자체는 2차 세계대전까지 거의 완성되어 있었다고 말할 수 있다. 그러나 양자역학을 사용하여 조사해 나갈 대상은 전후 그칠 줄을 모르는 듯이 계속 증가해 가고 있다.

저온에서의 액체헬륨의 기묘한 행동이나, 리니어 모터에 이용되고 있는 초전도(超傳導)현상(전기저항이 제로가 되거나, 강한 반대자석이 되는 현상) 등은 물론, 널리 이용되고 있는 금속이나 반도체 속 전자의 상태 등은 양자역학 없이는 전혀 설명할 수가 없다. 극단적으로 말하면 현대물리학의 모든 것은 양자역학의 기초 위에 이루어져 있다고 할 수 있을 것이다.

특히 물질의 궁극 요소를 탐구하는 소립자론의 발달은 매우 눈부시다. 일본의 사이클로트론은 비록 미국 진주군에 의해서 도쿄(東京)만으로 버려졌지만(원자폭탄의 제조와는 아무 상관도 없이, 이것의 폐기는 전혀 무의미한 일이었다), 세계 각국이 국력의 회복과 더불어 대형 하전 입자 가속 장치를 만들어 내었기 때문에 새로운 소립자가 연달아 발견되어 갔다.

양전자와 중간자는 전쟁 전의 것이지만, 1947년 중간자는 유카와 박사의 π와, 이것의 붕괴에 의해서 μ 입자가 된다는 것을 알게 되었고, 같은 해에 로체스터 등에 의해서 무거운 입자 람다(Λ^0)가 발견되었다. 람다의 오른쪽 어깨 위에 첨가된 기호가 0이면 전하가 없고, (+)나 (-)이면 각각 양과 음의 전하를 갖는다는 것을 가리키고 있다.

1949년 타우(τ)와 시타(θ) 두 종류의 중간자가 발견되었다. 치열한 찬반 양론의 논쟁을 거쳐서 1956년에 와서야 이 둘은 똑같은 케이(K) 중간자라는 사실이 확인되었다.

무거운 입자(바리온: 대표는 양성자와 중성자)로서는 람다 외에 시그마(Σ^-, Σ^0, Σ^+) 입자가 발견되고, 이어서 크사이(Ξ^{-1}, Ξ^0) 입자가 발견되었으며, 다시 시그마와 크사이는 오메가(Ω^{-1}) 입자가 붕괴한 것임을 알았다. 그 후 연달아 새 입자가 발견되었는데, 그것들의 대부분은 기본 입자의 에너지가 높아진 것이라고 해석되었다. 이것을 소립자의 공명상태(共鳴狀態)라고 한다.

전쟁 전에는 1개의 소립자의 발견이 그대로 바로 노벨상으로 이어졌으나, 이렇게 인플레 상태가 되어서는 상이 몇 개가 있어도 부족하다. 반입자(反粒子: 전자에 대한 양전자와 같은 것)까지 포함한다면 300개 이상이나 된다. 결국 다음번의 작업은 이것들을 어떻게 정리하는가 하는 문제가 되었다.

소립자군을 개개가 지니는 스핀이나 기묘도(奇妙度: 보통의 입자를 0, 약간 드문 것을 ±1, 아주 드문 것을 ±2로 한다)라는 수치 등을 실마리로 삼아 교묘하게 분리해 나갔지만, 현재는 소립자는 쿼크(Quark)라는 기본 입자로 구성되어 있다는 것을 알고 있으며, 물리학자는 쿼크의 해명과 씨름하고 있다.

대상으로 삼을 입자는 연달아 새로운 것으로 되어 가고 있지만, 사용되고 있는 수학적 방법은 어디까지나 양자역학이다. 1910년대에 보어에 의해서, 그리고 1920년대에는 하이젠베르

소립자의 연구가 벽에 부딪칠 때마다, 정말로 양자역학은 옳은가 하는 비판을 받았다. 그러나 언제나 양자역학은 불사조처럼 살아남았다. 물질의 궁극을 응시하는 사고로서……

크와 슈뢰딩거에 의해서 만들어진 이 방법은 지금도 그대로 구사되고 있다. 소립자의 연구가 벽에 부딪칠 때마다, 정말로 양자역학은 옳은 것인가 하는 비판을 받아 왔다. 그러나 언제나 양자역학은 불사조처럼 살아남아 왔다. 과학의 진보가 맹렬한 오늘날에도 여전히 확고부동한 지지를 받고 있다는 것은, 양자론이 물질의 궁극을 응시하는 사고로서 지극히 본질적이고 보편적이기 때문일 것이다. 선인들이 만든 이 훌륭한 이론 체계에 새삼 경탄의 눈을 돌리지 않을 수가 없다.

알기 쉬운 양자론

현대물리학을 만든 거인들

초판 1쇄 1988년 09월 25일
개정 1쇄 2019년 05월 16일

지은이 쓰즈키 다쿠지
옮긴이 손영수
펴낸이 손영일
펴낸곳 전파과학사
주소 서울시 서대문구 증가로 18, 204호
등록 1956. 7. 23. 등록 제10-89호
전화 (02)333-8877(8855)
FAX (02)334-8092
홈페이지 www.s-wave.co.kr
E-mail chonpa2@hanmail.net
공식블로그 http://blog.naver.com/siencia

ISBN 978-89-7044-878-7 (03420)
파본은 구입처에서 교환해 드립니다.
정가는 커버에 표시되어 있습니다.